基于 AE 与 C#的地理信息系统二次开发

李小根　贾艳昌　乔翠平　姜　彤　著

中国水利水电出版社
www.waterpub.com.cn
·北京·

内 容 提 要

本书以 Visual Studio 2010 专业版和 ArcGIS 10.0 为数字城市信息管理系统（农业信息资源管理系统、水利资源信息管理系统）的开发工具，介绍了这两种工具的基本原理和应用方法；重点介绍了基于 ArcGIS Engine 组件库的构成和应用及 C#语言环境的使用方法。在数字城市地理空间框架研制过程中，详细阐述了两个信息管理系统的研制技术路线和方法，为地理信息科学二次开发人员提供了研制参考实例。

本书适合从事地理信息科学、空间信息技术、遥感、测绘科学技术等相关工作的人员阅读，也适合高等学校有关师生阅读。

图书在版编目（CIP）数据

基于 AE 与 C#的地理信息系统二次开发 / 李小根等著. 北京 : 中国水利水电出版社, 2025. 3. -- ISBN 978-7-5226-3324-4

Ⅰ. P208.2

中国国家版本馆 CIP 数据核字第 2025VS2790 号

策划编辑：石永峰　　责任编辑：张玉玲　　封面设计：苏敏

书　名	基于 AE 与 C#的地理信息系统二次开发 JIYU AE YU C# DE DILI XINXI XITONG ERCI KAIFA
作　者	李小根　贾艳昌　乔翠平　姜　彤　著
出版发行	中国水利水电出版社 （北京市海淀区玉渊潭南路 1 号 D 座　100038） 网址：www.waterpub.com.cn E-mail：mchannel@263.net（答疑） sales@mwr.gov.cn 电话：（010）68545888（营销中心）、82562819（组稿）
经　售	北京科水图书销售有限公司 电话：（010）68545874、63202643 全国各地新华书店和相关出版物销售网点
排　版	北京万水电子信息有限公司
印　刷	三河市德贤弘印务有限公司
规　格	170mm×240mm　16 开本　9.75 印张　131 千字
版　次	2025 年 3 月第 1 版　2025 年 3 月第 1 次印刷
定　价	60.00 元

前　　言

本书适合作为地理信息系统（Geographic Information System，GIS）组件式开发人员的入门教材，主要介绍了以 Visual Studio 2010 专业版和 ArcGIS 10.0 为开发工具的二次开发技术，重点应用 ArcGIS Engine（AE）开发组件库，在.NET 和 C#语言环境下进行 GIS 程序二次开发。从 C#基本概念入手，介绍了 AE 的特性以及各组件的相互关系；以数字城市的地理空间框架研制为基础，详细介绍了数字城市信息管理系统研制技术路线以及水利信息资源管理系统、农业资源信息管理系统电子地图的制图渲染与输出、空间数据编辑、GIS 分析及栅格图像处理，涵盖 GIS 数据采集、编辑、处理、分析、输出等基本功能。

本书由华北水利水电大学李小根负责定稿，贾艳昌、乔翠平、姜彤、孟美丽负责部分章节的撰写、审核工作，华北水利水电大学毛新宇、刘泓辰和吉林大学李晨皓负责部分章节的整理、校对工作。本书受到河南省研究生教育改革与质量提升工程项目（YJS2024JC03）和华北水利水电大学研究生教育改革与质量提升工程项目（NCWUJPJC202302）的资助，在此一并表示衷心的感谢。

作者在编写本书过程中参阅了国内外有关会议论文集、论文、论著、学术报告、电子书籍等，在此，对其作者表示衷心的感谢。

由于作者水平有限和时间仓促，书中难免有不足之处，敬请读者批评指正。

作者

2024 年 12 月

目　　录

第 1 章　ArcGIS Engine 基本知识

ArcGIS Engine（AE）是 ArcGIS 的一款软件开发引擎，可以创建自定义的 GIS 桌面程序。它是一套完备的嵌入式 GIS 组件库和工具库，使用其开发的 GIS 应用程序可以脱离 ArcGIS Desktop 运行。

1.1　ArcGIS 软件体系结构

1.1.1　ArcGIS 总览

ArcGIS 为用户提供了一整套功能强大的地理信息系统（Geographic Information System，GIS）框架。本书主要关注如何快速建立和发布使用 ArcGIS Engine 10.0 定制的 GIS 应用程序。ArcGIS Engine 对需要在应用系统中加入地理信息功能的用户来说是一个非常好的选择。

在 ArcGIS 10.0 系列产品中，ArcGIS Desktop、ArcGIS Engine 和 ArcGIS Server 都是基于核心组件库 ArcObjects 搭建的。

ArcObjects 组件库有 3000 多个对象供开发人员调用，其中包含细粒度的小对象。例如，由于 ArcGIS Desktop、ArcGIS Engine 和 ArcGIS Server 三个产品都是基于 ArcObjects 搭建的应用，因此，对于开发人员来说，ArcObjects 的开发经验在这三个产品中是通用的。开发人员可以通过 ArcObjects 扩展 ArcGIS Desktop、定制 ArcGIS Engine 应用、使用 ArcGIS Server 实现企业级的 GIS 应用。

ArcGIS 可以在多种编程环境（如 C++、支持 COM 的编程语言、.NET、Java 等）中开发。

ArcGIS Desktop 的软件开发工具包（Software Development Kit，SDK）包含在 ArcView、ArcEditor 和 ArcInfo 中，支持 COM 和.NET 开发。用户可以应用 ArcGIS Desktop SDK 扩展 ArcGIS Desktop 的功能，如添加新的工具、定制用户界面、增加新的扩展模块等。

ArcGIS Server 实现了一套标准的 Web GIS 服务（如制图、访问数据、地理编码等），支持企业级应用。开发人员可以使用 ArcGIS Server SDK 建立集中式的 GIS 服务器来实现 GIS 功能，发布基于 Web 的 GIS 应用，执行分布式 GIS 运算等。

2004 年，ESRI 发布 ArcGIS Engine，ArcGIS Engine 开发包提供了一系列可以在 ArcGIS Desktop 框架之外使用的 GIS 组件。在 ArcGIS Engine 发布之前，基于 ArcObjects 的开发只能在庞大的 ArcGIS Desktop 框架下进行，而 ArcGIS Engine 为 ArcObjects 开发人员提供了更好的选择。

1.1.2 学习定位与预期效果

本书是适合以下读者阅读：

- 具备 ArcGIS Desktop 使用经验。
- 使用过 ArcGIS 的若干种数据格式。
- 对 ArcGIS 空间数据组织有一定的了解。
- 初步具备 ArcGIS Desktop 的制图表达认识。
- 了解 C#编程语言。

读者阅读本书后能够迅速了解 ArcGIS Engine 的组成部分和功能，掌握搭建 ArcGIS Engine 开发环境的方法，并能够开发典型的 GIS 应用程序，找到解决问题的途径。

1.1.3 ArcGIS Engine 的功能

开发人员可以使用 ArcGIS Engine 的开发包实现如下功能：

- 分图层显示专题图，如道路、河流、行政区界等。
- 浏览、缩放地图。
- 查看地图上特征要素的信息。
- 在地图上检索、查找特征要素。
- 在地图上显示文本注记。
- 在地图上叠加卫星影像或航摄影像。
- 在地图上绘制点、线、面等几何体。
- 通过矩形、圆形等选中地图上的要素。
- 使用 SQL 语句查找要素。
- 使用各种渲染方式绘制地图图层，如分级渲染、柱状图渲染、点密度渲染、依比例尺渲染等。
- 动态绘制实时数据，如实时的 GPS 坐标点。
- 转换空间数据的坐标系。

ArcGIS Engine 的授权文件（.ecp）控制用户可以使用的功能。ArcGIS Engine 的功能如下：

（1）编辑空间数据。用户使用 ArcGIS Engine 开发包创建、修改或者删除 Geodatabase 或 Shapefile 中的矢量要素。标准的 ArcGIS Engine Runtime 可以编辑 Shapefile 和简单的 Personal Geodatabase 要素，如果需要编辑 Enterprise Geodatabase 数据就需要使用 Geodatabase Update 扩展。

（2）空间建模和分析。ArcGIS Engine Spatial 扩展模型提供了强大的空间建模和空间分析功能。用户可以创建、查询、分析栅格数据，执行整合的栅格和矢量分析，从栅格数据中提取信息。

1.1.4 ArcGIS Engine 的组成部分

ArcGIS Engine 由一个软件开发工具包（SDK）和一个运行时（Runtime）组成。

ArcGIS Engine 从功能层次上可划分为如下五个部分。

（1）基本服务：由 ArcGIS 的核心 ArcObjects 构成，几乎所有 GIS 应用程序都需要，如要素几何体（Feature Geometry）和显示（Display）。

（2）数据存取：ArcGIS Engine 可以存取许多栅格和矢量格式，包括强大的地理数据库（Geodatabase）。

（3）地图表达：创建和显示带有符号及标注的地图。

（4）开发组件：用于快速开发应用程序的界面控件。

（5）运行时选项：ArcGIS Engine 运行时可以与标准功能或其他高级功能一起部署。

ArcGIS Engine 的软件开发工具包是一个基于组件的开发产品，主要为开发人员提供开发环境的集成、开发帮助、类库对象模型图、代码示例等。

ArcGIS Engine 的另一个组件是运行时。ArcGIS Engine 的软件开发工具包建立的所有应用程序运行时都需要相应级别的 ArcGIS Engine 运行时。

ArcGIS Engine 运行提供了有多种版本，涵盖从标准版到企业版的不同选择。

标准版 ArcGIS Engine 运行时提供所有 ArcGIS 应用程序的核心功能，可以操作多种栅格和矢量格式、表达和创建地图、通过执行空间或属性查询查找要素；还可以创建基本数据、编辑 Shapefile 和简单的个人地理数据库（Personal Geodatabase）、分析 ArcGIS。

企业版 ArcGIS Engine 运行时可以编辑 Enterprise Geodatabase 扩展模块。企

业版 ArcGIS Engine 运行时 Enterprise Geodatabase 编辑增加了创建和更新多用户企业 Geodatabase 的功能。ArcGIS Engine 的其他扩展模块包括空间分析扩展模块、3D 分析扩展模块、网络分析、StreetMap 扩展模块等。

1.2 软件安装

在开发 ArcGIS Engine 程序前，需要部署开发环境。本书的 ArcGIS Engine 开发实例以 C#语言为例，C#的集成开发环境为 Visual Studio 2010，搭建 ArcGIS Engine 开发环境的步骤如下：

（1）安装 Visual Studio 2010。

（2）安装 ArcGIS Engine Runtime 10.0。

（3）安装 ArcGIS Engine Developer Kit For Microsoft .NET Framework 10.0。

ArcGIS Engine Developer Kit 有支持多种开发语言的开发包，用户可以使用 VB、VC++、C#、Java 等对 ArcGIS Engine 进行开发。每种语言都有对应的 ArcGIS Engine Developer Kit 安装包，本书以 C#为例。

【注释】安装 ArcGIS Engine Developer Kit For Microsoft .NET Framework 时要求操作系统已经安装.Net Framework，因为安装时会检测本地是否已经安装.Net Framework。如果已经安装，那么 ArcGIS Engine 的.NET 类库会被安装到系统中；如果没有检测到.Net Framework，那么 ArcGIS Engine 的.NET 类库不会被安装到系统中。其具体表现为在 ArcGIS Engine 的安装目录下会有一个 DotNet 文件夹，如果该文件夹存在就表示 ArcGIS Engine 的.NET 类库成功安装。本例需安装开发环境，选择 Visual Studio 2010 为开发工具，在安装 Visual Studio 2010 的过程中自动安装.Net Framework。

1.2.1 安装前准备

在安装 ArcGIS Engine 程序前，需要准备以下文件：

（1）Visual Studio 2010 安装光盘或安装文件。

（2）ArcGIS Engine Runtime 10.0 的安装光盘或安装文件。

（3）ArcGIS Engine Developer Kit For Microsoft .NET Framework 的安装光盘或安装文件。

（4）ArcGIS Engine Developer Kit 的授权文件。

1.2.2 安装 Visual Studio 2010

安装 Visual Studio 的步骤如下：

（1）运行 Setup.exe 文件，在弹出的对话框中单击“安装 Visual Studio 2010”按钮。

（2）在左边面板中选中“自定义”选项，默认安装路径是 C:\Program Files\Microsoft Visual Studio 10.0，如果需要修改安装路径就单击“浏览”按钮。

（3）为了提高安装速度和节省磁盘空间，可以取消勾选 Visual C++、Visual J++和 Microsoft SQL Server 2010 Express 复选框，再单击“安装”按钮。

1.2.3 安装 ArcGIS 10.0

安装完成 Visual Studio 2010 后，如果直接安装 ArcGIS Engine Developer Kit，系统就会提示需要安装 ArcGIS Desktop 10.0 或者 ArcGIS Engine 10.0 With the .NET Support feature 或者 ArcGIS Server 10.0。

1. 安装 ArcGIS License Manager 10.0

（1）把 ArcGIS License Manager 10.0 安装光盘放入光驱或找到安装文件。打开并双击Desktop文件夹下License下的Setup.exe文件，安装服务器。

（2）选中I accept the license agreement复选项，单击Next按钮。

（3）选择安装路径，默认路径为C:\Program Files(x86)\ArcGIS\License10.0。

（4）准备安装Application，开始安装程序ArcGIS License Manager 10.0。

（5）单击Finish按钮，ArcGIS License Manager 10.0安装完成。

2. 安装ArcGIS Desktop 10.0

（1）打开并双击Desktop文件夹下License下的Setup.exe文件，安装桌面程序。

（2）选中I accept the license agreement复选项，单击Next按钮，选择Complete项继续安装。

（3）选择默认安装路径，默认路径为C:\Program Files(x86)\ArcGIS\Desktop10.0。如果需要更改安装路径应单击Browse按钮，选中一个安装文件夹即可。

（4）ArcGIS程序需要使用Python环境，默认安装在C:\Python26路径下。如果需要更改安装路径就单击Browse按钮，选中一个安装文件夹即可。

（5）ArcGIS Desktop 10.0安装完成。

1.2.4 安装AE Developer Kit For Microsoft .NET Framework

（1）运行ESRI.exe，在对话框中单击ArcGIS Engine Developer Kit For Microsoft .NET Framework按钮。

（2）单击Next按钮，选中I accept the license agreement复选项。

（3）该安装程序会被安装到本地的开发文档、代码示例、小工具、Visual Studio 2010的模板中等，单击Next按钮。

（4）ArcGIS Engine SDK for Microsoft .NET Framework安装完成，弹出一个

对话框，开始注册 ArcGIS Engine SDK。

（5）单击 Finish 按钮后，单击 Register Now 按钮。

（6）在注册页面中选中下面的一个授权文件进行注册，单击 Next 按钮。

（7）单击 Browse 按钮，在弹出对话框中找到授权文件所在文件夹，选中授权文件（一般以.ecp 为扩展名），单击 Open 按钮，完成 ArcGIS Engine Developer Kit 授权。

1.3 基本控件的使用

ArcGIS Engine 提供了一些功能非常强大的控件（如 MapControl、PageLayoutControl、SceneControl、GlobeControl、ToolbarControl、TOCControl、SymbologyControl、LicenseControl），可以帮助开发人员快速的开发 GIS 应用。

下面以一个示例程序为例，讲解使用 ArcGIS Engine 开发 GIS 应用的方法，该示例主要练习 MapControl、ToolbarControl、TOCControl 的使用方法，向工具栏添加 ArcGIS Engine 内置工具和命令的方法，浏览 mxd 地图文档的方法，向地图控件添加 Shapefile 文件的方法，通过 lyr 文件添加图层的方法，读取要素类的属性信息并显示到网格控件中的方法。

1.3.1 地图浏览

在不写代码的情况下，创建一个地图浏览小程序，可以打开 mxd 地图文档，并对其进行缩放、漫游、查询属性等。

（1）创建一个 C#工程，在弹出的对话框中，首先选中 Visual C#，然后在模板中选中 Windows 应用程序，将该工程命名为 MapViewer。单击“浏览”按钮指定一个存放工程文件的路径，本示例放在 C:\src 文件夹下，单击“确定”按钮。

（2）创建 MapViewer 工程后，该工程自动创建一个名为 Form1 的窗体，在窗体上右击，在弹出的快捷菜单中选择“属性”选项，在右边的属性列表中找到 Text 属性，输入 MapViewer。窗体的标题变为 MapViewer。

（3）拖动窗体右下角，使窗体变大，单击左侧的“工具箱”，在弹出的工具箱中单击 ArcGIS Windows Forms 选项卡前面的加号，展开该选项卡，依次双击 ToolBarControl、TOCControl、MapControl、LicenseControl。

（4）在 Form1 窗体中拖动各控件。选中 ToolBarControl 控件，在“属性”窗口中找到 Dock 属性，单击下拉按钮，选中 Top 部分。

（5）与 ToolBarControl 的操作相同，把 TOCControl 和 MapControl 两个控件的 Dock 属性分别设置为 Left 和 Fill。至此，Form1 窗体的界面布局完成。窗体顶部是工具栏，左侧是图层列表，主工作区是地图控件。

（6）右击 Form1 窗体上的 ToolbarControl 控件，单击“属性”菜单，在弹出的对话框中，先设置 Buddy 属性为 axMapControl1，再单击 Items 选项卡，单击 Add 按钮，在左侧分类中选中 Generic 选项，双击右侧 Open 工具，Open 工具便被加入工具栏。

（7）在左侧依次选中 Map Inquiry 和 Map Navigation 选项，把 Identify、Zoom In、Zoom Out 等工具添加到工具栏中。添加后，右击 LicenseControl，单击“属性”菜单，浏览弹出的对话框，其中 ArcGIS Engine 已经被选中，如果需要其他扩展模块的许可，就在右侧选中对应的复选项，单击“确定”按钮。

（8）在 Form1 窗体上右击 TOCControl，选择属性菜单，设置 Buddy 属性为 axMapControl1。单击“确定”按钮，在“调试”菜单中单击“启动调试”选项，运行程序。

（9）在弹出的对话框中浏览某个 mxd 文档，单击“打开”按钮，地图文档包含的图层就被加载到地图控件和图层列表控件中。

（10）单击工具栏上的 Identify 工具，在地图上单击某个要素，在弹出的 Identify 对话框中显示该要素的属性信息。

1.3.2 ShapeFile 数据文件添加

下面使用代码的方式添加数据。

（1）在 Visual Studio 2010 的工具箱中展开菜单和工具栏，双击 MenuStrip 控件，在窗体上添加一个菜单控件。

（2）在菜单上单击，输入“添加 shp”作为菜单的标题，输入 menuAddShp 作为菜单的名称。

（3）选中“添加 shp”菜单，在属性框中单击“事件”按钮，在“事件”列表中双击 Click 事件。

（4）使用 ArcGIS Engine 编码，添加 ArcGIS 的引用，在解决方案管理器中右击“添加引用”，在弹出的菜单中选择“Add ArcGIS Reference…”。

（5）在弹出的对话框中选中 ESRI.ArcGIS.DataSourcesFile、ESRI.ArcGIS.Geodatabase 类库，单击“确定”按钮。

（6）在 Form1.cs 源代码文件中，在源代码的最顶部输入如下代码，导入命名空间。

```
using System.IO;
using ESRI.ArcGIS.DataSourcesFile;
using ESRI.ArcGIS.Geodatabase;
using ESRI.ArcGIS.Carto;
```

（7）在菜单的 Click 事件处理方法中添加如下代码。

```
private void menuAddShp_Click(object sender, EventArgs e)
{
    IWorkspaceFactory pWorkspaceFactory = new ShapefileWorkspaceFactory();
```

```
IWorkspace pWorkspace = pWorkspaceFactory.OpenFromFile(@"D:\GIS-Data", 0);
IFeatureWorkspace pFeatureWorkspace = pWorkspace as IFeatureWorkspace;

IFeatureClass pFC = pFeatureWorkspace.OpenFeatureClass("continent.shp");
IFeatureLayer pFLayer = new FeatureLayerClass();
        pFLayer.FeatureClass = pFC;
        pFLayer.Name = pFC.AliasName;
        ILayer pLayer = pFLayer as ILayer;

        IMap pMap = axMapControl1.Map;
        pMap.AddLayer(pLayer);
        axMapControl1.ActiveView.Refresh();
}
```

向地图控件添加 Shapefile 文件（shp 文件）有多种方法，本示例的步骤如下：

1）创建工作空间工厂。

2）打开 Shapefile 工作空间。

3）打开要素类。

4）创建要素图层。

5）关联图层和要素类。

6）添加 shp 文件到地图控件中。

【注释】代码 pWorkspaceFactory.OpenFromFile(@"D:\GIS-Data",0)中的@符号用于使转意字符“\”作为一般字符。

（8）按 F5 键，启动调试。单击“添加 shp”菜单，可以把 continent.shp 添加到地图控件中。目前只能使用该功能添加 D:\GIS-Data 文件夹下的 continent.shp 文件。为了让用户浏览磁盘目录加载指定的 shp 文件，下面做一些改进。

（9）从工具箱往窗体上添加一个 OpenFileDialog 控件。

（10）把原来的 Click 事件处理代码更新为如下代码。

```
private void menuAddShp_Click(object sender, EventArgs e)
{
    IWorkspaceFactory pWorkspaceFactory = new ShapefileWorkspaceFactory();

    openFileDialog1.Filter = "shapefile 文件(*.shp)|*.shp";
    openFileDialog1.InitialDirectory = @"D:\GIS-Data";
    openFileDialog1.Multiselect = false;
    DialogResult pDialogResult = openFileDialog1.ShowDialog();
    if (pDialogResult != DialogResult.OK)
        return;

    string pPath = openFileDialog1.FileName;
    string pFolder = Path.GetDirectoryName(pPath);
    string pFileName = Path.GetFileName(pPath);

    IWorkspace pWorkspace = pWorkspaceFactory.OpenFromFile(pFolder, 0);
    IFeatureWorkspace pFeatureWorkspace = pWorkspace as IFeatureWorkspace;
    IFeatureClass pFC = pFeatureWorkspace.OpenFeatureClass(pFileName);

    IFeatureLayer pFLayer = new FeatureLayerClass();
    pFLayer.FeatureClass = pFC;
    pFLayer.Name = pFC.AliasName;
    ILayer pLayer = pFLayer as ILayer;

    IMap pMap = axMapControl1.Map;
    pMap.AddLayer(pLayer);
    axMapControl1.ActiveView.Refresh();
}
```

（11）按 F5 键，运行调试，单击“添加 shp”菜单，在弹出的对话框中选中任意一个 shp 文件，单击“确定”按钮，即可把 shp 文件加载到地图控件中。

1.3.3 要素类属性浏览

（1）按照 1.3.2 小节内容的方式添加“图层属性”菜单，菜单的 Name 属性为 menuAttributes。添加 Click 事件。

（2）目前 Click 方法为空，下面将填充代码，右击 MapViewer 项目，在弹出的快捷菜单中选择“添加”→“Windows 窗体”选项。

（3）在弹出的“添加选项”对话框中选择“Visual C#项目”选项，“模板”选择“Windows 窗体”，“名称”输入 FrmAttributeTable.cs。单击“添加”按钮。

（4）从工具箱中向新窗体上添加 DataGridView 控件，把 DataGridView 的 Dock 属性设置为 Fill，在窗体上右击，在弹出的快捷菜单中单击“查看代码”选项，为窗体添加 Load 事件处理。

（5）在 FrmAttributeTable.cs 源代码顶部添加如下代码，导入命名空间。

```
using ESRI.ArcGIS.Controls;
using ESRI.ArcGIS.Carto;VB
using ESRI.ArcGIS.Geodatabase;
```

（6）在窗体类中添加如下代码。

```
private AxMapControl m_MapCtl;
public FrmAttributeTable(AxMapControl pMapCtl)
{
    InitializeComponent();
        m_MapCtl = pMapCtl;
}
```

（7）为窗体的 Load 事件处理方法添加代码。该事件主要用于从图层中读取要素类的属性信息，并且将其显示到 DataGridView 控件中。

```
private void FrmAttributeTable_Load(object sender, EventArgs e)
{
```

```
    ILayer pLayer = m_MapCtl.get_Layer(0);
    IFeatureLayer pFLayer = pLayer as IFeatureLayer;
    IFeatureClass pFC = pFLayer.FeatureClass;

    IFeatureCursor pFCursor = pFC.Search(null, false);
    IFeature pFeature = pFCursor.NextFeature();

    DataTable pTable = new DataTable();
    DataColumn colName = new DataColumn("洲名");
    colName.DataType = System.Type.GetType("System.String");
    pTable.Columns.Add(colName);

    DataColumn colArea = new DataColumn("面积");
    colArea.DataType = System.Type.GetType("System.String");
    pTable.Columns.Add(colArea);

    int indexOfName = pFC.FindField("CONTINENT");
    int indexOfName = pFC.FindField("Area");

    while (pFeature != null)
    {
        string name= pFeature.get_Value(indexOfName).ToString();
        string area = pFeature.get_Value(indexOfName).ToString();
        DataRow pRow = pTable.NewRow();
        pRow[0] = name;
        pRow[1] = area;
        pTable.Rows.Add(pRow);
        pFeature = pFCursor.NextFeature();
    }
    dataGridView1.DataSource = pTable;
}
```

（8）在 Form1.cs 文件中加入“图层属性”菜单的 Click 事件处理。

```
private void menuAttributes_Click(object sender, EventArgs e)
{
    FrmAttributeTable frm = new FrmAttributeTable(axMapControl1);
    frm.ShowDialog();
}
```

（9）按 F5 键，启动调试。为地图控件添加一个 continent.shp 文件，单击“图层属性”菜单命令，弹出七大洲图层属性表。

1.4　三维控件的使用

本节介绍在三维控件 SceneControl 中展示三维场景的示例，其中使用的三维场景是在 ArcScene 中制作的三维地形，三维地形数据使用 dom.tif 数据和 tin 数据（dom.tif 数据作为三维地形的纹理，tin 数据作为三维地形的高程信息）。

1.4.1　制作三维场景

（1）在制作三维场景之前，需要启用 3D Analyst 扩展模块。在 ArcCatalog Tools 菜单下单击 Extensions 命令，在弹出的对话框中选中 3D Analyst 复选框，单击 Close 按钮。

（2）从“开始”菜单启动 ArcScene，单击工具栏上的 ADD Data 工具，浏览 3D-Data 文件夹，选中 dom.tif，单击 Add 按钮。添加数据后，在 TOC 图层列表中右击 dom.tif 图层，在弹出的快捷菜单中选中 Properties 菜单。

（3）在弹出的 Layer Properties 对话框中单击 Base Heights 选项卡，在该选项卡下为 dom.tif 图层指定高程来源，这里指定高程来源为一个 tin，单击“浏览”按钮。

（4）在弹出的对话框中浏览 3D-Data 文件夹，选中 tin，单击 Add 按钮。该 tin 数据是一个不规则三角网，用来描述地形高程。

（5）在 tin 对话框中单击“确定”按钮，为 dom.tif 图层指定高程图层后的三维场景，从屏幕的影像中可以看出地形起伏效果。单击工具栏上的“保存”按钮。

（6）在弹出的“另存为”对话框的“文件名”文本框中输入 Scene.sxd，单击“保存”按钮。

1.4.2 在 SceneControl 中展现三维场景

（1）创建一个 C#工程，工程名称为 SceneViewer，将窗体标题改为 SceneViewer。

（2）在窗体上添加一个 MenuStrip 控件，在菜单上添加一个“打开场景”菜单，名称为 MenuOpenSxd。

（3）在窗体上添加 TOCControl、SceneControl 和 LicenseControl，并且把 TOCControl 控件的 Dock 属性设置为 Left，SceneControl 控件的 Dock 属性设置为 Fill。设置 TOCControl 的 Buddy 属性为 SceneControl，绑定这两个控件。

（4）在窗体上添加 OpenFileDialog 控件，为菜单 menuOpenSxd 添加 Click 事件，添加 Click 事件处理代码如下。

```
private void menuOpenSxd_Click(object sender, EventArgs e)
{
    openFileDialog1.Filter = "三维场景(*.sxd)|*.sxd";
    openFileDialog1.InitialDirectory = @"D:\GIS-Data";
    openFileDialog1.Multiselect = false;
    DialogResult pDialogResult = openFileDialog1.ShowDialog();
    if (pDialogResult != DialogResult.OK)
```

```
        return;
        string pFileName = openFileDialog1.FileName;
        axSceneControl1.LoadSxFile(pFileName);
}
```

（5）按 F5 键，调试运行。单击“打开场景”菜单，在弹出的对话框中浏览数据文件夹，打开并运行保存的 Scene.sxd 文档。

1.5 ArcGIS Engine 类库

1.5.1 对象模型图图例

ArcGIS Engine 可以供开发人员使用的对象有几千个，这些对象分别位于不同的类库中。这些对象之间具有不同关系，如继承、实例化等。图 1.1 所示为 UML 模型图。

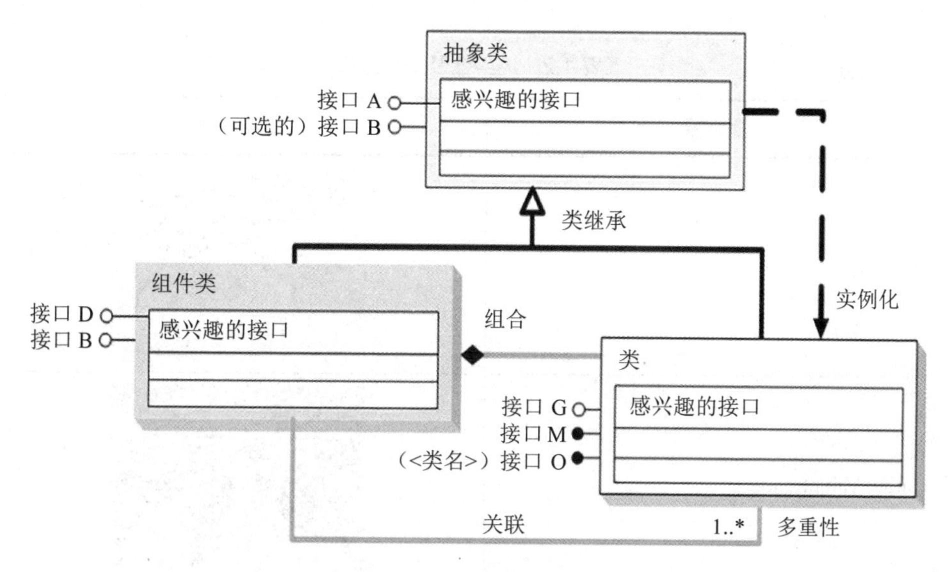

图 1.1 UML 模型图

1.5.2 常用类库

ArcGIS Engine 包含了三十多个类库，这些类库分别负责完成部分 ArcGIS 功能，如地图显示、几何体操作、空间数据访问等。下面介绍常用的类库。

1. Carto

表 1.1 所示为常用的图层。表 1.2 所示为渲染器及渲染效果。

表 1.1 常用的图层

图层	说明
CadFeatureLayer	CAD 要素图层
FeatureLayer	一般的矢量图层
GroupLayer	组图层（一个图层的集合）
RasterLayer	栅格图层
TinLayer	Tin 图层

表 1.2 渲染器及渲染效果

渲染器	渲染效果
SimpleRenderer	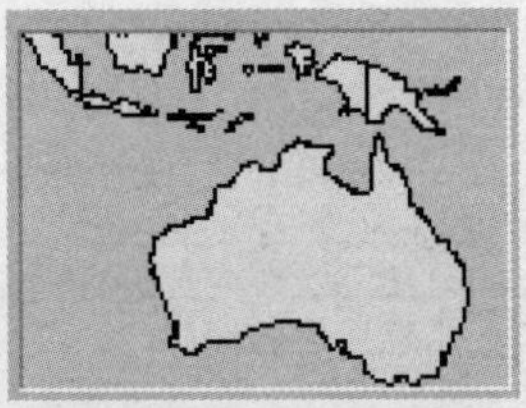
UniqueValueRenderer	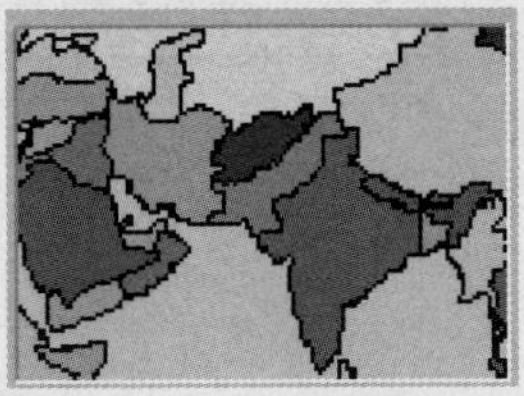

续表

渲染器	渲染效果
ClassBreaksRenderer	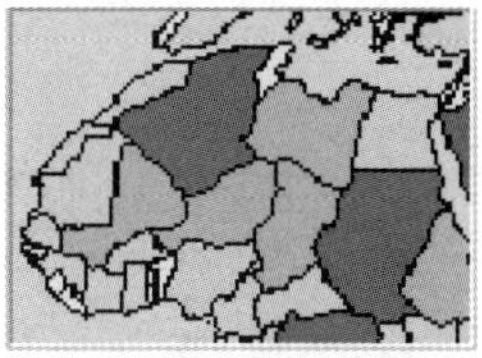
ProportionalSymbolRenderer	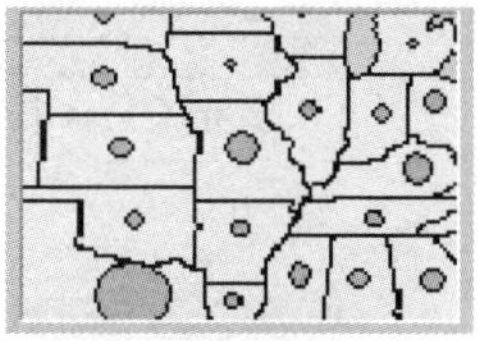
DotDensityRenderer	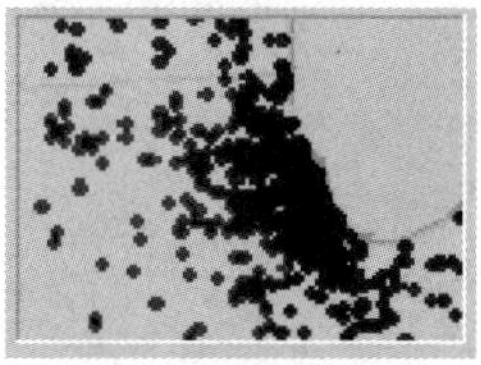
ChartRenderer	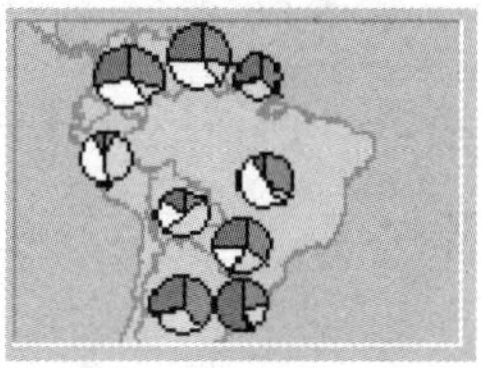
BiUniqueValveRenderer	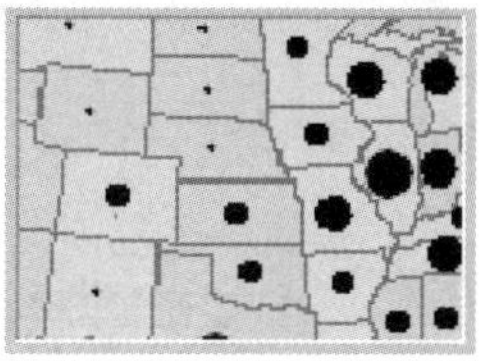

2. Geodatabase

Geodatabase 类库提供了统一的接口以访问空间数据，如使用频率非常高的 IFeatureClass、ITable、IQueryFilter 接口都在该类库中。用户在打开要素类、打开表、查询数据、读取数据、更新数据时，都需要引用该类库。图 1.2 所示为对象关系。

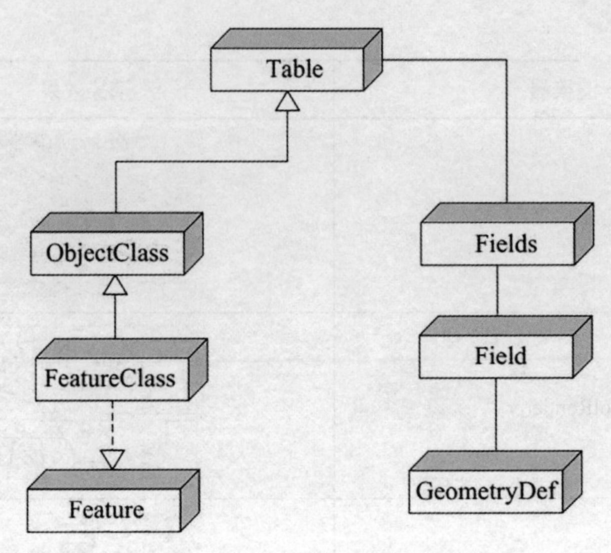

图 1.2　对象关系

3. Geometry

Geometry 类库提供了与矢量的几何体相关的对象，如点、线、面、三维模型等。创建和修改几何体以及几何体之间的空间分析都通过该类库实现。图 1.3 所示为几何要素关系。

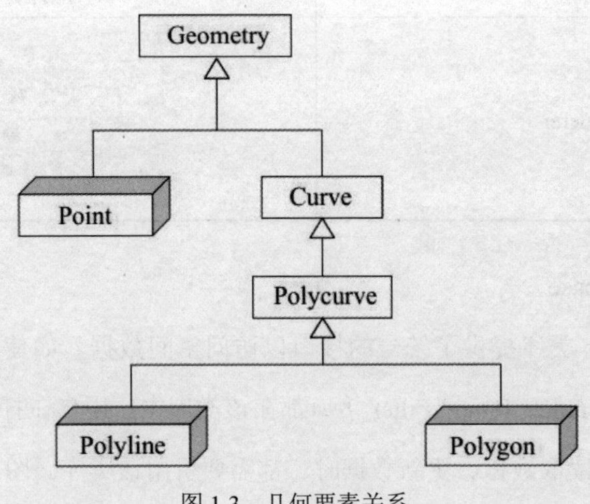

图 1.3　几何要素关系

4. DataSourcesFile

DataSourcesFile 类库提供了访问文件型数据的功能。基于文件的数据源有shapefile、coverage、Tin、CAD 等。不同的数据源通过各自的工作空间工厂访问。

5. DataSourcesGDB

DataSourcesGDB 类库提高访问 Geodatabase 数据源的功能，这些数据源包括MS Access、File Geodatabase 和 ArcSDE。在访问空间数据之前，需要确定数据源的类型，如果是 Geodatabase 就引用 DataSourcesGDB，如果是文件型的数据源就引用 DataSourcesFile。图 1.4 所示为 DataSourcesGDB 类库中几个工作空间工厂之间的关系。

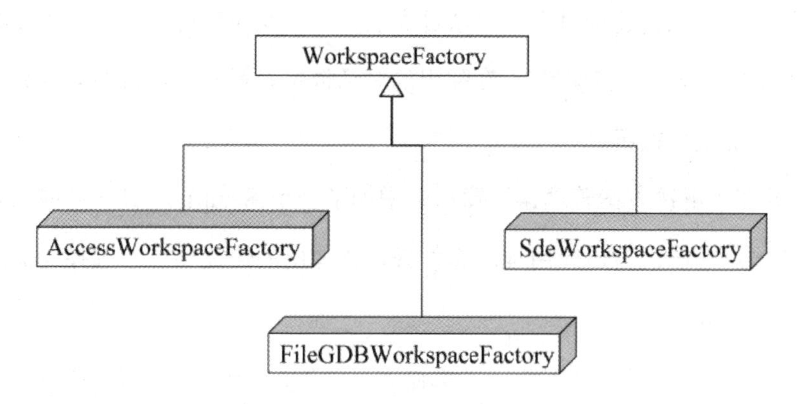

图 1.4　几个工作空间工厂之间的关系

6. DataSourcesRaster

DataSourcesRaster 类库提供了访问栅格数据的功能。DataSourcesFile 和DataSourcesGDB 类库中封装的数据访问接口都是针对矢量数据调用的，而访问栅格数据时需要使用 DataSourcesRaster 类库，通过该类库用户可以调用 ArcGIS 支持的栅格数据。

1.6 部署 ArcGIS Engine 程序

ArcGIS Engine 程序开发完成后，可以使用打包工具（如 InstallShield、InstallAnyWhere 等）把开发的程序打包成安装程序，也可以使用 Visual Studio 2010 打包。下面以 Visual Studio 2010 为例制作安装程序。在部署 ArcGIS Engine 程序时，需要首先安装 ArcGIS Desktop，并且授权 License。安装 ArcGISDesktop 和授权的步骤见 1.2 节，这里不再赘述。下面以 1.3 节中的程序为例，介绍制作安装包的方法。

（1）打开 MapViewer 解决方案，在该解决方案中添加安装项目。路径为“选择文件”→“添加新建项目”→“项目类型”→“其他项目类型”→“安装和部署”→“模板”→“安装项目”，在弹出的对话框中设置安装项目的名称和存储路径，单击“确定”按钮。

（2）在“解决方案管理器”窗口中增加了一个 Setup1 项目。向应用程序文件夹添加项目输出。右击应用程序文件夹，在弹出的快捷菜单中选择“添加”→“项目输出”选项。

（3）在弹出的对话框中选中“主输出”，单击“确定”按钮，在应用程序文件夹中会出现一些 ESRI 的程序集和一个名为“主输出来自 SceneVi...”的输出项。

（4）由于 ArcGIS Engine Runtime 中已经包含相关程序集，因此，在安装程序的过程中需要排除这些程序集。在解决方案资源管理器中右击“检测到的依赖项”下面的与 ESRI 相关的程序集，在弹出的快捷菜单中选择“排除”选项，向应用程序文件夹中添加所需其他文件或者程序集。

（5）为程序添加“开始菜单”中的程序快捷方式。右击“用户的‘程序’快捷菜单”，在弹出的快捷菜单中选择“创建用户的‘程序’菜单的快捷方式”选项，在“属性”窗口中为出现的快捷方式更改名称和相关属性。

（6）为程序添加“用户桌面”的快捷方式。右击“用户桌面”，在弹出的快捷菜单中选择“创建用户桌面的快捷方式”选项，在“属性”窗口中为出现的快捷方式更改名称和相关属性。

（7）配置完成安装项目，接下来生成安装项目。在解决方案资源管理器中右击安装项目的图标，在弹出的快捷菜单中选择“生成”选项。生成成功后，在指定的生成目录下生成一个 Setup.exe 文件和 Setup.cab 文件。只需要双击 Setup.exe 文件即可开始安装。

第 2 章　C#基本知识

2.1　.NET 体系结构

2.1.1　C#与.NET 的关系

C#的特点主要体现在以下两个方面：

（1）C#是专门为与 Microsoft 的.NET Framework 一起使用而设计的（.NET Framework 是一个功能丰富的平台，可开发、部署和执行分布式应用程序）。

（2）C#是一种基于现代面向对象设计方法的语言，设计该语言时，Microsoft 公司吸取了其他类似语言的经验。

因为 C#语言与.NET 一起使用，所以，如果要使用 C#高效地开发应用程序，理解 Framework 就非常重要。本章将介绍.NET 的内涵。

2.1.2　公共语言运行库

.NET Framework 的核心是运行库的执行环境，称为公共语言运行库（Common Language Runtime，CLR）或.NET 运行库。在 CLR 的控制下运行的代码称为托管代码（Managed Code）。

但是，在 CLR 执行编写的源代码之前，需要使用 C#或其他语言编译它们。在.NET 中，编译分为如下两个阶段：

（1）把源代码编译为Microsoft中间语言（Intermediate Language，IL）。

（2）CLR把中间语言编译为平台专用的代码。

这两个阶段的编译过程都非常重要，因为Microsoft中间语言（托管代码）是实现.NET的许多优点的核心要素。

2.1.3 .NET Framework类

从开发人员的角度看，编写中间语言的最大好处是可以使用.NET基类库。

.NET基类是一个内容丰富的托管代码类集合，它可以完成使用Windows API完成绝大多数的任务。这些类派生自与中间语言相同的对象模型，也基于单一继承性。无论.NET基类是否合适，都可以实例化对象，也可以通过它们派生自己的类。

.NET 3.5基类如下：

- IL提供的核心功能，如通用类型系统中的基本数据类型。
- Windows GUI支持和控件。
- Web窗体。
- 数据访问。
- 目录访问。
- 文件系统和注册表访问。
- 网络和Web浏览。
- .NET特性和反射。
- 访问Windows操作系统的各方面（如环境变量等）。
- COM互操作性。

另外，根据Microsoft源文件，实际上大部分.NET基类都是用C#编写的。

2.1.4 命名空间

命名空间是.NET 避免类名冲突的一种方式。例如，命名空间可以避免下述情况：定义一个类来表示一名顾客，此类称为 Customer，表明其他顾客同时可以做相同的事情（类似于顾客有相当多的业务）。

命名空间不过是数据类型的一种组合方式，但命名空间中所有数据类型的名称都会自动加上该命名空间的名字作为前缀。命名空间还可以相互嵌套。例如，大多数用于一般目的的.NET 基类在命名空间 System 中，因为基类 Array 在该命名空间中，所以其全名是 System.Array。

2.1.5 用 C#创建.NET 应用程序

C#可以用于创建控制台应用程序：仅使用文本、运行在 DOS 窗口中的应用程序。在开发单元测试类库、创建 UNIX/Linux daemon 进程时，使用控制台应用程序。但是，人们常常使用 C#创建利用许多与.NET 相关技术的应用程序。下面简要论述用 C#创建的不同类型的应用程序。

1. 创建 ASP.NET 应用程序

ASP 是用于创建带有动态内容的 Web 页面的一种 Microsoft 技术。ASP 页面基本上是一个嵌有服务器端 VBScript 或 JavaScript 代码块的 HTML 文件。当客户浏览器请求一个 ASP 页面时，Web 服务器发送页面的 HTML 部分，并处理服务器端脚本。这些脚本通常会查询数据库的数据，在 HTML 中标记数据。ASP 是客户建立基于浏览器的应用程序的一种便利方式。

（1）ASP.NET 的特性。首先，ASP.NET 页面是结构化的。也就是说，每个页面都是一个继承.NET 类 System.Web.UI.Page 的类，可以重写在 Page 对象的生存期中调用的一系列方法（可以把这些事件看成页面特有的，对应于原 ASP 的

global.asa 文件中的 OnApplication_Start 和 OnSession_Start 事件）。因为可以把一个页面的功能放在有明确含义的事件处理程序中，所以 ASP.NET 比较容易理解。

ASP.NET 的性能提高非常明显。传统的 ASP 页面与所有页面请求一起解释，而 Web 服务器在编译后高速缓存 ASP.NET 页面。这表示以后对 ASP.NET 页面的请求速度比 ASP 页面第一次执行的速度快得多。

（2）Web 窗体。为了简化 Web 页面的结构，Visual Studio 2008 提供了 Web 窗体。它们允许以创建 Visual Basic 6 或 C++ Builder 窗口的方式图形化地建立 ASP.NET 页面，即把控件从工具箱拖放到窗体上，并考虑窗体的代码，为控件编写事件处理程序。使用 C#创建 Web 窗体就是创建一个继承自 Page 基类的 C#类，并把该类看作后台编码的 ASP.NET 页面。可以不使用 C#创建 Web 窗体，而使用 Visual Basic 2008 或另一种.NET 语言创建。

（3）Web 服务器控件。用于添加到 Web 窗体上的控件与 ActiveX 控件不是同一种控件，它们是 ASP.NET 命名空间中的 XML 标记。当请求一个页面时，Web 浏览器动态地把它们转换为 HTML 和客户端脚本。Web 服务器能以不同方式显示相同的服务器端控件，产生一个对应于请求者特定 Web 浏览器的转换。这意味着为 Web 页面编写相当复杂的用户界面很容易，而不必担心如何确保页面运行在可用的任何浏览器上，因为 Web 窗体会完成这些任务。

2. 创建 Windows 窗体

C#和.NET 非常适用于 Web 开发，它们还为所谓的“胖客户端”应用程序提供了极好的支持，这种“胖客户端”应用程序必须安装在最终用户的机器上以处理大多数操作，这种支持源于 Windows 窗体。

3. 创建 Windows 控件

Web 窗体与 Windows 窗体的开发方式相同，但应为它们添加不同类型的控件，Web 窗体使用 Web 服务器控件，Windows 窗体使用 Windows 控件。

Windows 控件类似于 ActiveX 控件。运行 Windows 控件后，它会编译为必须安装到客户机器上的动态链接库（Dynamic Link Library，DLL）。实际上，.NET SDK 提供了一个实用程序，为 ActiveX 控件创建包装器，以便把它们放在 Windows 窗体上。与 Web 控件相同，创建 Windows 控件时需要派生于特定的 System.Windows.Forms.Control 类。

2.2 .NET 编程基础

2.2.1 第一个 C#程序

下面编译并运行一个简单的 C#程序，这是一个简单的类，包含把信息写到屏幕上的控制台应用程序。

1. 代码

在文本编辑器（如 Notepad）中输入下面代码，并把它保存为.cs 文件（如 First.cs）。

```
using System;
namespace Wrox.ProCSharp.Basics
{
    class MyFirstCSharpClass
    {
        static void Main()
        {
            Console.WriteLine("This isn't at all like Java!");
            Console.ReadLine();
        return;
        }
    }
}
```

2. 编译并运行程序

对源文件运行 C#命令行编译器（csc.exe），编译以下程序。

```
csc First.cs
```

编译代码，生成一个可执行文件 First.exe。在命令行或 Windows Explorer 上，像运行其他可执行文件一样运行该文件，得到如下结果。

```
csc First.cs
Microsoft (R) Visual C# Compiler version 9.00.20404
for Microsoft (R) .NET Framework version 3.5
Copyright (C) Microsoft Corporation. All rights reserved.
First.exe
This isn't at all like Java!
```

这些信息也许不真实，该程序与 Java 有一些非常相似的地方，但也有与 Java 和 C++不同的地方（如大写的 Main()函数）。下面通过该程序详细介绍 C#程序的基本结构。

3. 基本结构

C#命名空间与 C++命名空间或 Java 的包基本相同，但 Visual Basic 6 中没有相应的概念。namespace 关键字声明了与类相关的命名空间，其花括号中的所有代码都被认为在该命名空间中。编译器在 using 指令指定的命名空间中查找没有在当前命名空间中定义但在代码中引用的类，类似于 Java 中的 import 语句和 C++中的 using namespace 语句。

```
using System;
namespace Wrox.ProCSharp.Basics
{ }
```

下面声明一个类——MyFirstClass。但是，因为该类在 Wrox.ProCSharp.Basics 命名空间中，所以其完整名称是 Wrox.ProCSharp.Basics.MyFirstCSharpClass。

```
class MyFirstCSharpClass
{ }
```

下面声明方法 Main()。每个 C#可执行文件（例如控制台应用程序、Windows 应用程序和 Windows 服务）都必须有一个入口点——Main 方法（注意首字母 M 大写）。

```
static void Main()
{\system32}
```

C#中的方法定义如下。

```
[modifiers] return_type MethodName([parameters])
{
    // Method body. NB. This code block is pseudo-code
}
```

代码语句如下。

```
Console.WriteLine("This isn't at all like Java!");
Console.ReadLine();
return;
```

对 C#基本语法有了大致了解后，要详细讨论 C#的其他方面。因为没有变量不可能编写出重要程序，所以首先介绍 C#中的变量。

2.2.2 变量

在 C#中使用下述语法声明变量。

```
datatype identifier;
```

例如：

```
int i;
```

该语句声明 int 变量 i。编译器不会让程序员使用这个变量，除非用一个值初始化该变量。

声明 i 后，可以使用赋值运算符（=）为其分配一个值：

```
i = 10;
```

还可以在一行代码中声明变量，并初始化它的值：

```
int i = 10;
```

如果在一个语句中声明和初始化了多个变量，那么所有变量都具有相同的数据类型：

```
int x = 10, y =20;        //X 和 Y 都是整型值
```

如果要声明不同类型的变量，就需要使用单独的语句。在多个变量的声明中，不能指定不同的数据类型：

```
int x = 10;
bool y = true;                //创建储存返回结果为真和假的变量
int x = 10, bool y = true;    //不参与编译
```

1. 变量的初始化

C#有如下两种方法确保变量在使用前进行了初始化。

（1）变量是类或结构中的字段，如果没有显式初始化，创建这些变量时其值就默认是 0（类和结构在后面讨论）。

（2）方法的局部变量只有在代码中显式初始化后才能在语句中使用其值。此时，初始化不是在声明该变量时进行的，但编译器会通过方法检查所有可能的路径，如果检测到局部变量在初始化之前就使用了其值，会产生错误。

C#的方法与 C++的方法相反。在 C++中，编译器让程序员确保变量在使用之前进行了初始化，在 Visual Basic 中，自动把所有变量的值设置为 0。

例如，在 C#中不能使用下面语句：

```
public static int Main()
{
    int d;
    Console.WriteLine(d);    //在使用之前需要初始化 d 值
    return 0;
}
```

在上述语句中演示了定义 Main()的方法，使之返回一个 int 类型的数据，而不是 void。

编译这些代码时得到下面错误消息：

```
Use of unassigned local variable 'd'
```

考虑下面语句：

```
Something objSomething;
```

在C#中，需要使用new关键字实例化一个引用对象。如上所述，创建一个引用，使用new关键字把该引用指向存储在堆上的一个对象：

```
objSomething = new Something();     //在堆上创建一个对象
```

2. 类型推断

类型推断使用var关键字，声明变量的语法有些变化，编译器可以根据变量的初始化值“推断”变量的类型。例如：

```
int someNumber = 0;
```

变成：

```
var someNumber = 0;
```

再如：

```
using System;
namespace Wrox.ProCSharp.Basics
{
    class Program
    {
        static void Main(string[] args)
        {
            var name = "Bugs Bunny";
            var age = 25;
            var isRabbit = true;
            Type nameType = name.GetType();
            Type ageType = age.GetType();
            Type isRabbitType = isRabbit.GetType();
            Console.WriteLine("name is type" + nameType.ToString());
            Console.WriteLine("age is type" + ageType.ToString());
```

```
                Console.WriteLine("isRabbit is type" + isRabbitType.ToString());
            }
        }
}
```

程序输出如下：

```
name is type System.String
age is type System.Int32
isRabbit is type System.Bool
```

3. 常量

常量是其值在使用过程中不会发生变化的变量。声明和初始化变量时，在变量前加上关键字 const，就可以把该变量指定为一个常量：

```
const int a = 100;    //该变量的值不变
```

2.2.3 预定义数据类型

前面介绍了声明变量和常量的方法，下面详细讨论 C#中可用的数据类型。与其他语言相比，C#对其可用的数据类型及其定义有更严格的描述。

1. 值类型和引用类型

在开始介绍 C#中的数据类型之前，需要知道 C#有值类型和引用类型两种数据类型。这两种类型存储在内存的不同地方：值类型存储在堆栈中，而引用类型存储在托管堆上。要注意区分这两种数据类型，因为存储位置的不同会有不同的影响。例如，int 是值类型，下面语句会在内存的两个地方存储值 20。

```
//i 和 j 都是整型值
i = 20;
j = i;
```

考虑下面的代码，这段代码假定已经定义一个类 Vector。Vector 是一个引用类型，它有一个 int 类型的成员变量 Value。

```
Vector x, y;
x = new Vector ();
x.Value = 30;    //在向量类中该值被定义为一个字段
y = x;
Console.WriteLine(y.Value);
y.Value = 50;
Console.WriteLine(x.Value);
```

如果变量是一个引用，就可以把其值设置为 null，表示它不引用任何对象：

```
y = null;
```

把基本类型（如 int 和 bool）规定为值类型，而把包含许多字段的较大类型（通常在有类的情况下）规定为引用类型。C#设计这种方式的原因是可以得到最佳性能。如果要把自己的类型定义为值类型，就应把它声明为一个结构。

2. CTS 类型

如上所述，C#认可的基本预定义类型没有内置于 C#，而是内置于.NET Framework。例如，在 C#中声明一个 int 类型的数据时，声明的实际是.NET 结构 System.Int32 的一个实例。这听起来很深奥，但其意义深远：在语法上，可以把所有基本数据类型都看作支持某些方法的类。例如，要把 int i 转换为 string，可以编写如下代码：

```
string s = i.ToString();
```

3. 预定义的值类型

内置的值类型表示基本数据类型，如整型和浮点类型、字符类型和布尔值类型。

（1）整型。C#支持 8 个预定义整数类型，见表 2.1。

表 2.1 整数类型

名称	CTS 类型	说明	范围
sbyte	System.SByte	8 位有符号的整数	–128～127（$-2^7 \sim 2^7-1$）
short	System.Int16	16 位有符号的整数	–32768～32767（$-2^{15} \sim 2^{15}-1$）

续表

名称	CTS 类型	说明	范围
int	System.Int32	32 位有符号的整数	–2147483648～2147483647（-2^{31}～$2^{31}-1$）
long	System.Int64	64 位有符号的整数	–9223372036854775808～9223372036854775807（-2^{63}～$2^{63}-1$）
byte	System.Byte	8 位无符号的整数	0～255（0～$2^{8}-1$）
ushort	System.Uint16	16 位无符号的整数	0～65535（0～$2^{16}-1$）
uint	System.Uint32	32 位无符号的整数	0～4294967295（0～$2^{32}-1$）
ulong	System.Uint64	64 位无符号的整数	0～18446744073709551615（0～$2^{64}-1$）

在.NET 中，short 类型有 16 位；int 类型更长，有 32 位；long 类型最长，有 64 位。所有整数类型的变量都能赋予十进制或十六进制的值，后者需要 0x 前缀，如下：

```
long x = 0x12ab;
```

如果对一个整数的类型没有任何显式的声明，则该变量默认为 int 类型。为了把输入的值指定为其他整数类型，可以在数字后面加如下字符：

```
uint ui = 1234U;
long l = 1234L;
ulong ul = 1234UL;
```

也可以使用小写字母 u 和 l，但后者会与阿拉伯数字 1 混淆。

（2）浮点类型。C#提供了许多整型数据类型，也支持浮点类型，见表 2.2。

表 2.2　浮点类型

名称	CTS 类型	说明	位数	范围（大致）
float	System.Single	32 位单精度浮点数	7	$\pm1.5\times10^{-45}$～$\pm3.4\times10^{38}$
double	System.Double	64 位双精度浮点数	15/16	$\pm5.0\times10^{-324}$～$\pm1.7\times10^{308}$

若在代码中没有对某个非整数值（如 12.3）硬编码，则编译器一般假定该变量是 double。若想指定该值为 float，则可以在其后加字符 F 或 f，如下：

```
float f = 12.3F;
```

（3）高精度浮点类型。decimal 类型表示精度更高的浮点数，见表 2.3。

表 2.3 高精度浮点类型

名称	CTS 类型	说明	位数	范围（大致）
decimal	System.Decimal	128 位高精度十进制数表示法	28	$\pm1.0\times10^{-28}$～$\pm7.9\times10^{28}$

要把数字指定为 decimal 类型，而不是 double、float 或整型，可以在数字的后面加字符 M 或 m，如下：

```
decimal d = 12.30M;
```

（4）布尔值类型。C#的 bool 类型用于包含布尔值 true 或 false，见表 2.4。

表 2.4 布尔值类型

名称	CTS 类型	说明	位数	值
bool	System.Boolean	表示 true 或 false	NA	true 或 false

（5）字符类型。为了保存单个字符的值，C#支持 char 数据类型，见表 2.5。

表 2.5 字符类型

名称	CTS 类型	值
char	System.Char	表示一个 16 位的（Unicode）字符

除把 char 表示为字符字面量外，还可以用 4 位十六进制的 Unicode 值（如'\u0041'）、带有数据类型转换的整数值（如(char)65）或十六进制数（'\x0041'）表示它们。它们还可以用转义序列表示，见表 2.6。

表 2.6 转义序列

转义序列	字符
\'	单引号
\"	双引号
\\	反斜杠
\0	空
\a	警告
\b	退格
\f	换页
\n	换行
\r	回车
\t	水平制表符
\v	垂直制表符

C++开发人员应注意，因为 C#本身有一个 string 类型，所以不需要把字符串表示为 char 类型的数组。

4. 预定义的引用类型

C#支持两个预定义的引用类型，见表 2.7。

表 2.7 预定义引用类型

名称	CTS 类	说明
object	System.Object	根类型，CTS 中的其他类型都是由它派生的（包括值类型）
string	System.String	Unicode 字符串

（1）object 类型。许多编程语言和类结构都提供了根类型，层次结构中的其他对象都是由它派生的，C#和.NET 也不例外。在 C#中，object 类型就是最终的

父类型，所有内置类型和用户定义的类型都由它派生的。这是 C#的一个重要特性，它把 C#与 Visual Basic 6.0 和 C++区分开来，但其行为与 Java 类似。

（2）string 类型。C#有 string 关键字，翻译为.NET 类时，它就是 System.String。有了它，字符串连接和字符串复制等操作就简单多了，如下：

```
string str1 = "Hello";
string str2 = "World";
string str3 = str1 + str2;          //一系列相关的字符串
```

修改其中一个字符串，可以创建一个全新的 string 对象，而另一个字符串没有改变。考虑下面代码：

```
using System;
class StringExample
{
    public static int Main()
    {
        string s1 = "a string";
        string s2 = s1;
        Console.WriteLine("s1 is" + s1);
        Console.WriteLine("s2 is" + s2);
        s1 = "another string";
        Console.WriteLine("s1 is now" + s1);
        Console.WriteLine("s2 is now" + s2);
        return 0;
    }
}
```

其输出结果如下：

```
s1 is a string
s2 is a string
s1 is now another string
s2 is now a string
```

通常把字符串字面量放在双引号中（"..."）；如果试图把字符串放在单引号中，

编译器就会把它当作 char，从而引发错误。C#字符串与 char 相同，可以包含 Unicode、十六进制数转义序列。因为这些转义序列以一个反斜杠（\）开头，所以不能在字符串中使用这个非转义的反斜杠字符，而需要用两个反斜杠字符（\\），如下：

```
string filepath = "C:\\ProCSharp\\First.cs";
```

C#提供了一种替代方式，可以在字符串字面量的前面加上字符@，在@字符后的所有字符都看作其原来的含义，它们不会解释为转义字符，如下：

```
string filepath = @"C:\ProCSharp\First.cs";
```

甚至允许在字符串字面量中包含换行符，如下：

```
string jabberwocky = @"'Twas brillig and the slithy toves
Did gyre and gimble in the wabe.";
```

那么 jabberwocky 的值就是：

```
'Twas brillig and the slithy toves
Did gyre and gimble in the wabe.
```

2.2.4 流控制

下面介绍 C#语言的重要语句——控制程序流的语句，该语句不是按代码在程序中的排列位置顺序执行的。

1. 条件语句

条件语句可以根据条件是否满足或表达式的值控制代码的执行分支。C#有两个控制代码分支的结构：if 语句，测试特定条件是否满足；switch 语句，比较表达式和不同的值。

（1）if 语句。对于条件分支，C#继承了 C 和 C++的 if...else 结构。对于用过程语言编程的人来说，其语法非常直观。

```
if (condition)
    statement(s)
```

```
else
    statement(s)
```

如果在条件中执行多个语句，就需要用花括号（{ ... }）把这些语句组合为一个块（也适用于其他可以把语句组合为一个块的 C#结构，如 for 循环和 while 循环）。

```
bool isZero;
if (i == 0)
{
    isZero = true;
    Console.WriteLine("i is Zero");
}
else
{
    isZero = false;
    Console.WriteLine("i is Non-zero");
}
```

在 C#中，if 子句中的表达式必须等于布尔值。C++程序员应特别注意；与 C++不同，C#中的 if 语句不能直接测试整数（例如从函数中返回的值），而必须明确地把返回的整数转换为布尔值 true 或 false。例如，比较值 0 和 null：

```
if (DoSomething() != 0)
{
    //返回非零值
}
else
{
    //返回零值
}
```

（2）switch 语句。switch...case 语句适合用于从一组互斥的分支中选择一个执行分支。C++和 Java 的程序员应该很熟悉 switch 语句，该语句类似于 Visual Basic 中的 Select Case 语句。

使用如下 switch 语句测试 integerA 变量的值。

```
switch (integerA)
{
    case 1:
    Console.WriteLine("integerA =1");
    break;
    case 2:
    Console.WriteLine("integerA =2");
    break;
    case 3:
    Console.WriteLine("integerA =3");
    break;
    default:
    Console.WriteLine("integerA is not 1,2, or 3");
    break;
}
```

C#如果激活了块中靠前的一个 case 子句，后面的 case 子句就不会被激活，除非使用 goto 语句特别标记要激活后面的 case 子句。编译器会把没有 break 语句的 case 子句标记为错误，此时会显示如下信息：

```
Control cannot fall through from one case label ('case 2:') to another
```

使用 goto 语句时，在 switch…cases 语句中重复出现失败。如果确实想这么做，就应重新考虑设计方案。下面代码说明使用 goto 模拟失败，得到的代码非常混乱。

```
//假设国家和语言的类型为字符串
switch(country)
{
    case "America":
    CallAmericanOnlyMethod();
    goto case "Britain";
    case "France":
    language = "French";
```

```
        break;
        case "Britain":
        language = "English";
        break;
    }
```

2. 循环

C#提供了四种循环机制（for、while、do...while 和 foreach），在满足某个条件之前，可以重复执行代码块。for 循环、while 循环和 do...while 循环与 C++中的对应循环相同。

（1）for 循环。C#的 for 循环提供的迭代循环机制是在执行下一次迭代前，测试是否满足某个条件，其语法如下。

```
for (initializer; condition; iterator)
    statement(s)
```

其中：

- initializer 是指在执行第一次迭代前要计算的表达式（通常把一个局部变量初始化为循环计数器）。
- condition 是在每次迭代新循环前要测试的表达式（它只有等于 true 时才能执行下一次迭代）。
- iterator 是每次迭代完要计算的表达式（通常是递增循环计数器）。当 condition 等于 false 时迭代停止。

for 循环适用于一个语句或语句块重复执行预定的次数。下面示例是 for 循环的典型用法，这段代码输出 0～99 的整数。

```
for (int i = 0; i < 100; i = i+1)     //这相当于在 VB 中，i 从 0 到 99
{
    Console.WriteLine(i);
}
```

实际上，上述编写循环的方式不常用。C#在给变量加 1 时有一种简化方式，即不使用 i = i+1，而简写为 i++。

```
for (int i = 0; i < 100; i++)
{
    //etc.
}
```

也可以在上面示例中给循环变量 i 使用类型推断功能。使用类型推断功能时，其循环结构如下：

```
for (var i = 0; i < 100; i++)
…
```

（2）while 循环。while 循环与 C++和 Java 中的 while 循环相同，与 Visual Basic 中的 While...Wend 循环相同。与 for 循环相同，while 循环也是一个预测试的循环，其语法相似，但 while 循环只有一个表达式。

```
while(condition)
    statement(s);
```

通常，在某次迭代中，while 循环体中的语句把布尔标记设置为 false，从而结束循环。

```
bool condition = false;
while (!condition)
{
    //在满足条件的情况下，这个循环一直执行
    DoSomeWork();
    condition = CheckCondition();    //假设 CheckCondition()返回一个 bool 值
}
```

（3）do…while 循环。do...while 循环是 while 循环的后测试版本。它与 C++和 Java 中的 do...while 循环相同，与 Visual Basic 中的 Loop...While 循环相同。该循环的测试条件在执行循环体后执行。因此，do...while 循环适用于至少执行一次循环体的情况。

```
bool condition;
do
```

```
{
    //即使 Condition 为 false，此循环也将至少执行一次
    MustBeCalledAtLeastOnce();
    condition = CheckCondition();
} while (condition);
```

（4）foreach 循环。foreach 循环可以迭代集合中的所有项。从技术上看，要使用集合对象，就必须支持 IEnumerable 接口。集合的例子有 C#数组、System.Collection 命名空间中的集合类、用户定义的集合类。从下面代码中可以了解 foreach 循环的语法，其中假定 arrayOfInts 是一个整型数组。

```
foreach (int temp in arrayOfInts)
{
    Console.WriteLine(temp);
}
```

3. 跳转语句

C#提供了许多可以立即跳转到程序中另一行代码的语句，如 goto 语句、break 语句、continue 语句、return 语句等。

（1）goto 语句。goto 语句可以直接跳转到程序中用标签指定的另一行（标签是一个标识符，后加一个冒号）。

```
goto Label1;
Console.WriteLine("This won't be executed");
Label1:
Console.WriteLine("Continuing execution from here");
```

（2）break 语句。前面简要提到过 break 语句，在 switch 语句中使用它退出某个 case 语句。实际上，break 循环也可用于退出 for 循环、foreach 循环、while 循环或 do...while 循环，可控制流执行循环后面的语句。

（3）continue 语句。continue 语句类似于 break 语句，也必须在 for 循环、foreach 循环、while 循环或 do...while 循环中使用。但它只退出循环的当前迭代，

开始执行循环的下一次迭代，而不是退出循环。

（4）return 语句。return 语句用于退出类的方法，把控制权重新交给方法的调用者。如果方法有返回类型，return 语句就必须返回该类型的值；如果方法没有返回类型，就使用没有表达式的 return 语句。

2.2.5 枚举

枚举是用户定义的整数类型。声明一个枚举时，要指定该枚举可以包含的一组可接受的实例值。不仅如此，还可以为值指定易记忆的名称。如果在代码的某个地方试图把一个不在可接受范围内的值赋予枚举的一个实例，编译器就会报告一个错误。这个概念对 Visual Basic 程序员来说是新颖的。C++支持枚举，但 C#枚举比 C++枚举强大得多。

定义如下枚举：

```
public enum TimeOfDay
{
    Morning = 0,
    Afternoon = 1,
    Evening = 2
}
```

上述枚举示例中使用一个整数值表示一天的每个阶段，下面把这些值作为枚举的成员访问，例如 TimeOfDay.Morning 返回数字 0。一般使用枚举把合适的值传送给方法或在 switch 语句中迭代可能的值。

```
class EnumExample
{
    public static int Main()
    {
        WriteGreeting(TimeOfDay.Morning);
        return 0;
    }
```

```
        static void WriteGreeting(TimeOfDay timeOfDay)
        {
            switch(timeOfDay)
            {
                case TimeOfDay.Morning:
                Console.WriteLine("Good morning!");
                break;
                case TimeOfDay.Afternoon:
                Console.WriteLine("Good afternoon!");
                break;
                case TimeOfDay.Evening:
                Console.WriteLine("Good evening!");
                break;
                default:
                Console.WriteLine("Hello!");
                break;
            }
        }
    }
```

可以获取枚举的字符串表示，如使用前面的 TimeOfDay 枚举。

```
TimeOfDay time = TimeOfDay.Afternoon;
Console.WriteLine(time.ToString());
```

上述示例结果为返回字符串 Afternoon。

另外，还可以从字符串中获取枚举值。

```
TimeOfDay time2 = (TimeOfDay) Enum.Parse(typeof(TimeOfDay), "afternoon", true);
Console.WriteLine((int)time2);
```

System.Enum 上的其他方法可以返回枚举定义中值的数目、列出值的名称等。

2.2.6 数组

声明 C#中的数组时，要在各元素的变量类型后面加上一组方括号（数组中的所有元素都必须有相同的数据类型)。

例如，int 表示一个整数，而 int[]表示一个整型数组。

```
int[] integers;
```

可以使用 new 关键字初始化特定大小的数组，在类型名后面的方括号中给出数组的大小。

```
//创建一个新的 32 位整数型数组
int[] integers = new int[32];
```

C#的数组语法非常灵活。实际上，C#可以在声明数组时不进行初始化，而在程序中动态指定其大小。利用这项技术，可以先创建一个空引用，再使用 new 关键字把该引用指向请求动态分配的内存位置。

```
int[] integers;
integers = new int[32];
```

2.2.7 命名空间

如前所述，命名空间提供了一种组织相关类和其他类型的方式。与文件或组件不同，命名空间是一种逻辑组合，而不是物理组合。以后，定义另一个类、在另一个文件中执行相关操作时，可以在同一个命名空间中包含它，创建一个逻辑组合，告诉使用类的其他开发人员这两个类是如何相关的以及如何使用它们。

```
namespace CustomerPhoneBookApp
{
    using System;
    public struct Subscriber
    {
    //创建内容
    }
}
```

每个命名空间的名称都由其所在命名空间的名称组成，并用句点隔开。首先是最外层的命名空间，最后是自己的短名。因此，ProCSharp 命名空间的全名是 Wrox.ProCSharp，NamespaceExample 类的全名是 Wrox.ProCSharp.Basics.NamespaceExample。

命名空间很长，输入烦琐，用这种方式指定某个类不是必要的。如前面所述，C#允许简写类的全名。为此，要在文件顶部列出类的命名空间，并在前面加上 using 关键字。在文件的其他地方，可以使用类型名称引用命名空间中的类型。

```
using System;
using Wrox.ProCSharp;
```

如果 using 指令引用的两个命名空间包含同名类型，就必须使用完整的名称（或者至少较长的名称），保证编译器知道访问哪个类型。例如，NamespaceExample 类同时存在于 Wrox.ProCSharp.Basics 和 Wrox.ProCSharp.OOP 命名空间中，如果要在命名空间 Wrox.ProCSharp 中创建一个 Test 类，并在该类中实例化 NamespaceExample 类的一个对象，就需要指定使用的类。

```
using Wrox.ProCSharp;
class Test
{
    public static int Main()
    {
        Basics.NamespaceExample nSEx = new Basics.NamespaceExample();
        //对 nSEx 变量执行操作
        return 0;
    }
}
```

2.2.8 C#编程规则

下面介绍编写 C#程序应注意的变量、类、方法等的命名规则，这些规则也是 C#编译器强制使用的。

1. 用于标识符的规则

C#包含表2.8所示的保留关键字。

表2.8 保留关键字

标识符	C#保留关键字				
变量、类、方法	abstract	do	in	protected	true
	as	double	int	public	try
	base	else	interface	readonly	typeof
	bool	enum	internal	ref	uint
	break	event	is	return	ulong
	byte	explicit	lock	sbyte	unchecked
	case	extern	long	sealed	unsafe
	catch	false	namespace	short	ushort
	char	finally	new	sizeof	using
	checked	fixed	null	stackalloc	virtual
	class	float	object	static	volatile
	const	for	operator	string	void
	continue	foreach	out	struct	while
	decimal	goto	override	switch	
	default	if	params	this	
	delegate	implicit	private	throw	

2. 用法约定

在任何开发环境中都有传统的编程风格，这些风格不是语言的一部分，而是约定，如变量如何命名，类、方法或函数如何使用等。如果使用某语言的大多数开发人员都遵循相同的约定，不同的开发人员就很容易理解彼此的代码，有助于维护程序。

名称的约定包括以下四个方面。

（1）名称的字母大小写。在许多情况下，名称都应使用 Pascal 大小写命名形式。Pascal 大小写命名形式是指名称中单词的第一个字母大写，如 EmployeeSalary、ConfirmationDialog、PlainTextEncoding。注意，命名空间、类以及基类中的成员等的名称都应遵循该规则，最好不使用带有下划线字符的单词（如 employee_salary）。在其他语言中，常量的名称常常全部大写，但在 C#中最好不要这样，因为这种名称很难阅读，而应全部使用 Pascal 大小写命名形式。

```
const int MaximumLength;
```

（2）名称的风格。名称的风格应保持一致。例如，如果类中的一个方法称为 ShowConfirmationDialog()，另一个方法就不能称为 ShowDialogWarning()或 WarningDialogShow()，而应是 ShowWarningDialog()。

（3）命名空间的名称。命名空间的名称非常重要，一定要仔细设计，以免一个命名空间中对象的名称与其他对象同名。命名空间的名称是.NET 区分共享程序集中对象名的唯一方式。如果软件包的命名空间使用的名称与另一个软件包的相同，而这两个软件包都安装在一台计算机上就会出问题。

（4）名称和关键字。名称不应与任何关键字冲突，这是非常重要的。实际上，如果在代码中试图为某个对象指定与 C#关键字同名的名称就会出现语法错误，因为编译器会假定该名称表示一个语句。

2.3 对象和类型

前面介绍了组成 C#语言的主要内容，包括变量、数据类型和程序流语句，并简要介绍了一个只包含 Main()方法的示例。下面介绍综合这些内容而构成一个完整程序的方法，其关键是处理类。

2.3.1 类和结构

类和结构实际上都是创建对象的模板，每个对象都包含数据，并提供处理和访问数据的方法。类定义了每个类对象（称为实例）可以包含的数据和功能。然后可以实例化该类的对象，以表示某个顾客，并为这个实例设置字段，使用其功能。

```
class PhoneCustomer
{
    public const string DayOfSendingBill ="Monday";
    public int CustomerID;
    public string FirstName;
    public string LastName;
}
```

对于类和结构，都使用关键字 new 声明实例，关键字用于创建对象并对其进行初始化。在下面示例中，类和结构的字段值都默认为 0。

```
PhoneCustomer myCustomer = new PhoneCustomer();                    //定义一个类
PhoneCustomerStruct myCustomer2 = new PhoneCustomerStruct();       //定义一个结构
```

2.3.2 类成员

类中的数据和函数称为类成员。Microsoft 的正式术语对数据成员和函数成员做了区分。除这些成员外，类还可以包含嵌套的类型（如其他类）。

1. 数据成员

数据成员包含类的数据——字段、常量和事件。数据成员可以是静态数据（与整个类相关），也可以是实例数据（类的每个实例都有自己的数据副本）。一旦实例化 PhoneCustomer 对象，就可以使用语法 Object.FieldName 访问这些字段。

```
PhoneCustomer Customer1 = new PhoneCustomer();
Customer1.FirstName = "Simon";
```

常量与类的关联方式和变量与类的关联方式相同，都使用 const 关键字声明常量。如果它们声明为 public，就可以在类的外部访问。

```
class PhoneCustomer
{
    public const string DayOfSendingBill = "Monday";
    public int CustomerID;
    public string FirstName;
    public string LastName;
}
```

2. 函数成员

函数成员提供了操作类中数据的某些功能，如方法、属性、构造函数和终结器、运算符及索引器。

属性是可以在客户机上访问的函数组，其访问方式与访问类的公共字段类似。因为 C#为读写类上的属性提供专用语法，所以不必使用名称中嵌有 Get 或 Set 的方法。属性的这种语法不同于一般函数的语法，在客户代码中，虚拟的对象被当作实际的事务。

构造函数是在实例化对象时自动调用的函数，它们必须与所属的类同名，且不能有返回类型。构造函数用于初始化字段的值。

终结器类似于构造函数，在 CLR 检测到不再需要某个对象时调用。它们的名称与类的相同，但前面有一个“~”符号。C++程序员应注意，终结器在 C#中比在 C++中用得少得多，因为 CLR 自动收集垃圾，且不可能预测调用终结器的时机。

运算符执行的简单操作是+和-。在对两个整数进行相加操作时，严格地说，就是对整数使用“+”运算符。C#还允许指定把已有运算符应用于自己的类（运算符重载）。

2.3.3 部分类

partial 关键字的用法是把 partial 放在 class、struct 或 interface 关键字的前面。在下面示例中，TheBigClass 类位于 BigClassPart1.cs 和 BigClassPart2.cs 两个源文件中。

```
//BigClassPart1.cs
partial class TheBigClass
{
    public void MethodOne()
    {
    }
}
//BigClassPart2.cs
partial class TheBigClass
{
    public void MethodTwo()
    {
    }
}
```

如果声明类时使用 public、private、protected、internal、abstract、sealed、new、一般约束关键字，这些关键字就应用于同一个类的所有部分。

在嵌套的类型中，只要 partial 关键字在 class 关键字的前面，就可以嵌套部分类。

2.3.4 静态类

编译器可以使用 static 关键字检查是否为类添加实例成员，如果添加了就生成一个编译错误，从而保证不创建静态类的实例。静态类的语法如下。

```
static class StaticUtilities
```

```
{
    public static void HelperMethod()
    {
    }
}
```

调用 HelperMethod()不需要 StaticUtilities 类型的对象，使用类型名即可。

```
StaticUtilities.HelperMethod();
```

2.3.5 Object 类

前面提到，所有.NET 类都派生于 System.Object。实际上，如果在定义类时没有指定基类，编译器就自动假定该类派生于 Object。因为本章不使用继承，所以前面介绍的每个类都派生于 System.Object（如前所述，对于结构，这个派生是间接的，结构总是派生于 System.ValueType，System.ValueType 派生于 System.Object）。其重要性在于，除自己定义的方法和属性外，还可以访问为 Object 定义的许多公共或受保护的成员方法，这些方法可以用于自己定义的所有其他类。

1. System.Object 方法

下面简要总结每种方法的作用。

（1）ToString()方法：获取对象的字符串表示的一种便捷方式。当需要快速获取对象的内容以用于调试时，可以使用该方法。

（2）GetHashTable()方法：如果对象放在名为映射（也称散列表或字典）的数据结构中，就可以使用该方法。处理这些结构的类使用该方法确定把对象放在结构的什么地方。

（3）Equals()（两个版本）和 ReferenceEquals()方法：如果把三个用于比较对象相等性的不同方法组合起来，就说明.NET Framework 在比较相等性方面有相当复杂的模式。

（4）Finalize()方法：最接近 C++风格的结构函数，在引用对象被回收以清理资源时调用。由于 Finalize()方法的 Object 执行代码实际上什么也没有做，因而被垃圾收集器忽略。

（5）GetType()方法：返回从 System.Type 派生的类的一个实例。

（6）MemberwiseClone()方法：它的概念相对简单，只是复制对象，返回一个对副本的引用（对于值类型是一个装箱的引用）。

2. ToString()方法

第 1 章已经提到 ToString()方法，它是快速获取对象的字符串表示的便捷方式。例如：

```
int i = -50;
string str = i.ToString();    //返回"-50"
```

再如：

```
enum Colors {Red, Orange, Yellow};
//稍后在代码中呈现
Colors favoriteColor = Colors.Orange;
string str = favoriteColor.ToString();    //返回"Orange"
```

2.4 数　　组

如果需要使用同一类型的多个对象，就可以使用集合和数组。C#用特殊的记号声明和使用数组。Array 类在后台发挥作用，为数组中元素的排序和过滤提供多种方法。

使用枚举器可以迭代数组中的所有元素。

2.4.1 简单数组

如果需要使用同一类型的多个对象，就可以使用数组。数组是一种数据结构，可以包含同一类型的多个元素。

1. 声明数组

声明数组时，应先定义数组中元素的类型，其后是一个空方括号和一个变量名。例如，下面代码声明了一个包含整型元素的数组。

```
int[] myArray;
```

2. 初始化数组

声明数组后，就需要为数组分配内存，以保存数组的所有元素。因为数组是引用类型，所以必须为它分配堆上的内存，使用 new 运算符，指定数组中元素的类型和数量来初始化数组的变量。下面语句指定数组的大小。

```
myArray = new int[4];
```

使用 C#编译器还有一种更简化的形式：使用花括号可以同时声明和初始化数组，编译器生成的代码与前面的例子相同。

```
int[] myArray = {4, 7, 11, 2};
```

2.4.2 多维数组

一般数组（也称一维数组）用一个整数索引。多维数组用两个或两个以上整数索引。

在 C#中声明二维数组时，需要在括号中加一个逗号。初始化数组时，应指定每一维的大小（也称阶），然后使用两个整数作为索引器访问数组中的元素。

```
int[,] twodim = new int[3, 3];
twodim[0,0] = 1;
twodim[0,1] = 2;
```

```
twodim[0,2] = 3;
twodim[1,0] = 4;
twodim[1,1] = 5;
twodim[1,2] = 6;
twodim[2,0] = 7;
twodim[2,1] = 8;
twodim[2,2] = 9;
```

2.4.3 数组和集合接口

Array 类实现了 IEumerable 接口、ICollection 接口和 IList 接口，以访问和枚举数组中的元素。由于用定制数组创建的类派生于 Array 抽象类，因此能使用通过数组变量执行的接口中的方法和属性。

1. IEumerable 接口

IEumerable 接口是允许使用 foreach 语句来遍历数组或集合中元素的接口。这是一个非常特殊的特性，在之后的章节中讨论。

2. ICollection 接口

ICollection 接口派生于 IEumerable 接口，并添加了表 2.9 所示的属性和方法。该接口主要用于确定集合中的元素数或用于同步。

表 2.9 ICollection 接口的属性和方法

属性和方法	说明
Count	确定集合中的元素数，其返回值与 Length 属性的相同
IsSynchronized、SyncRoot	IsSynchronized 属性确定集合的线程安全性。对于数组，这个属性总是返回 false。对于同步访问，SyncRoot 属性可以用于线程安全的访问
CopyTo()	将数组的元素复制到现有数组中，类似于静态方法 Array.Copy()

3. IList 接口

IList 接口派生于 ICollection 接口，并添加了一些属性和方法。Array 类实现 IList 接口的主要原因是 IList 接口定义了 Item 属性，以便使用索引器访问元素。IList 接口的许多其他成员都是通过 Array 类抛出 NotSupportedException 异常实现的，因为这些不应用于数组。

第 3 章　农业资源信息管理系统

3.1　农业信息查询

农业信息查询模块包括基础地理信息、静态农业信息、动态农业信息三个子模块。

3.1.1　基础地理信息

基础地理信息包括乡镇中心、水系、道路、行政区划等信息（图 3.1），实现了地图的加载、放大、缩小、移除、漫游等基本操作，还可以实现查看地图的属性表、缩放到图层、对地图进行要素标注、保存为 Layer 文件等操作，以及将表格数据导出到 Excel 中，最后将制图结果打印输出。

3.1.2　静态农业信息

静态农业信息包括市地形图（图 3.2）、土壤图（图 3.3）、土地利用现状图（图 3.4）、耕地资源管理属性数据图（图 3.5）、产值（图 3.6）等信息，实现了地图的加载、放大、缩小、移除、漫游等基本操作（相应代码见本节末注释），还可以实现查看地图的属性表、缩放到图层、对地图进行要素标注、保存为 Layer 文件等操作，以及将表格数据导出到 Excel 中，最后将制图结果打印输出。

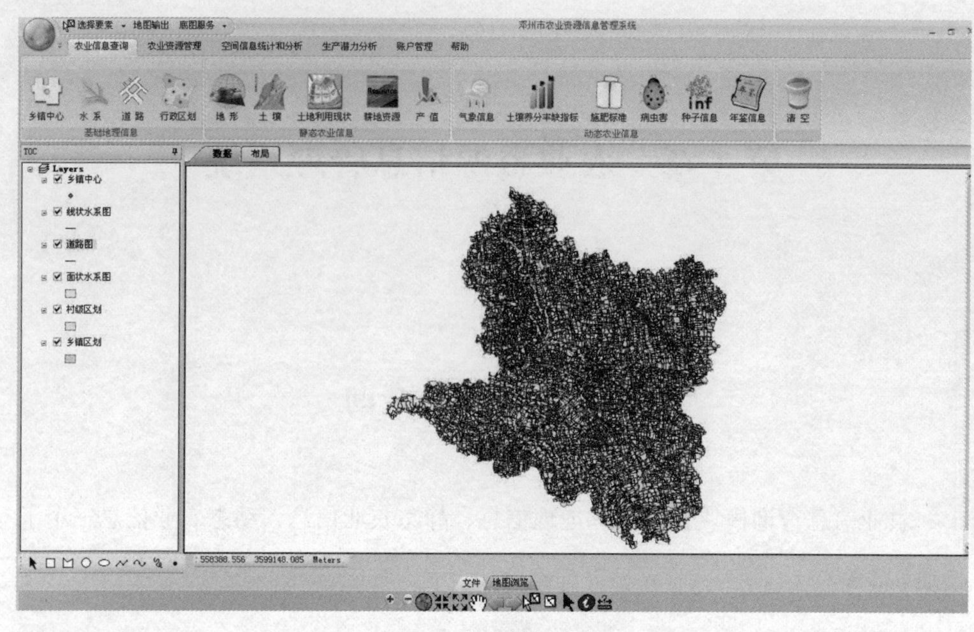

图 3.1 基础地理信息

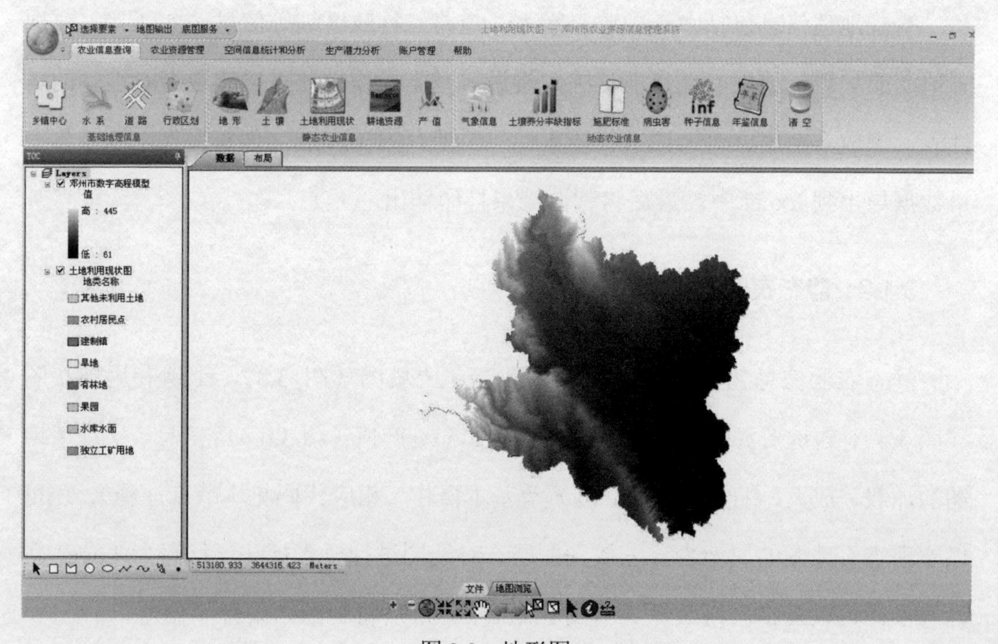

图 3.2 地形图

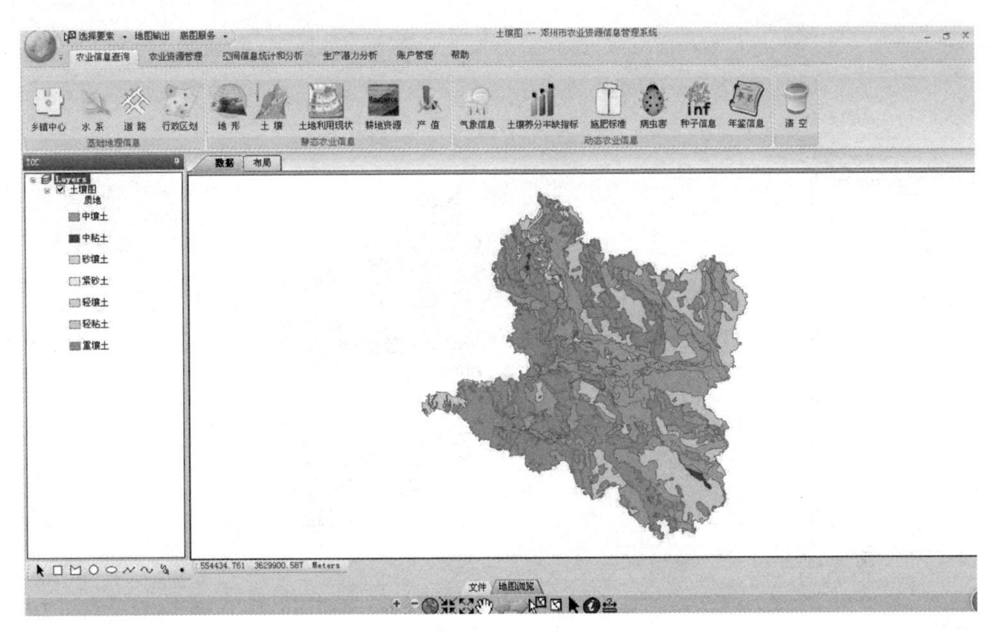

图 3.3 土壤图

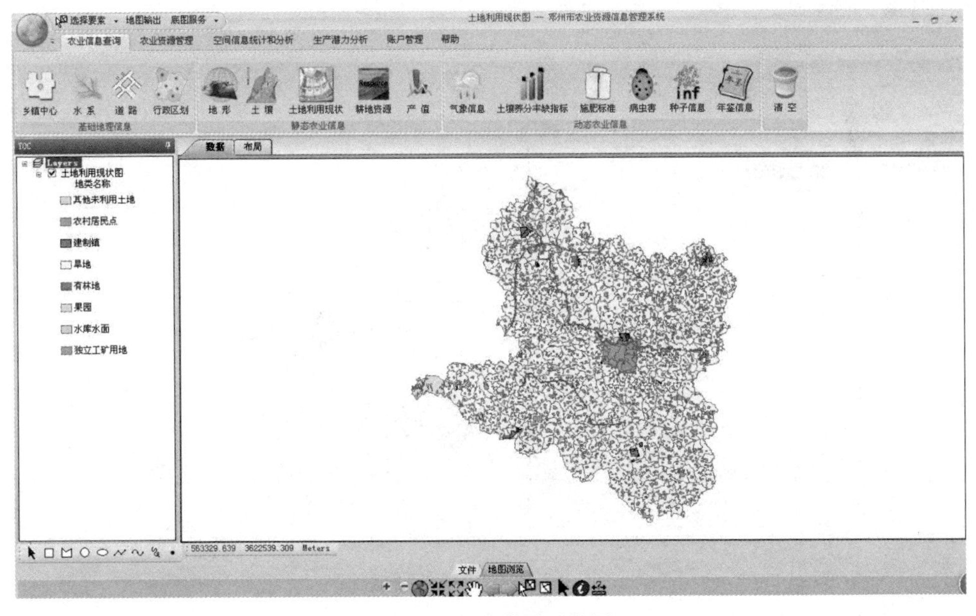

图 3.4 土地利用现状图

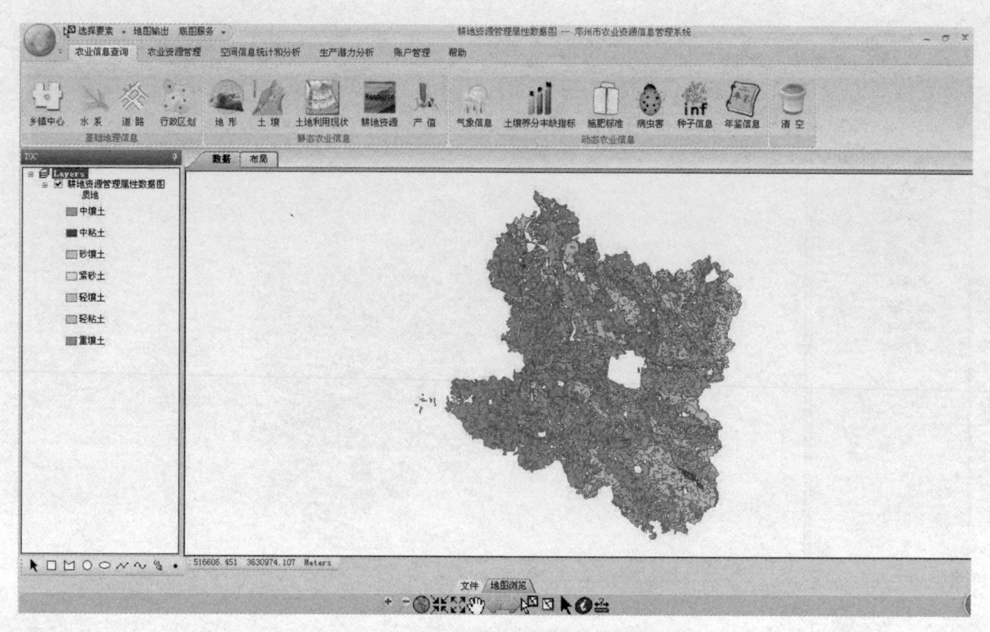

图 3.5　耕地资源管理属性数据图

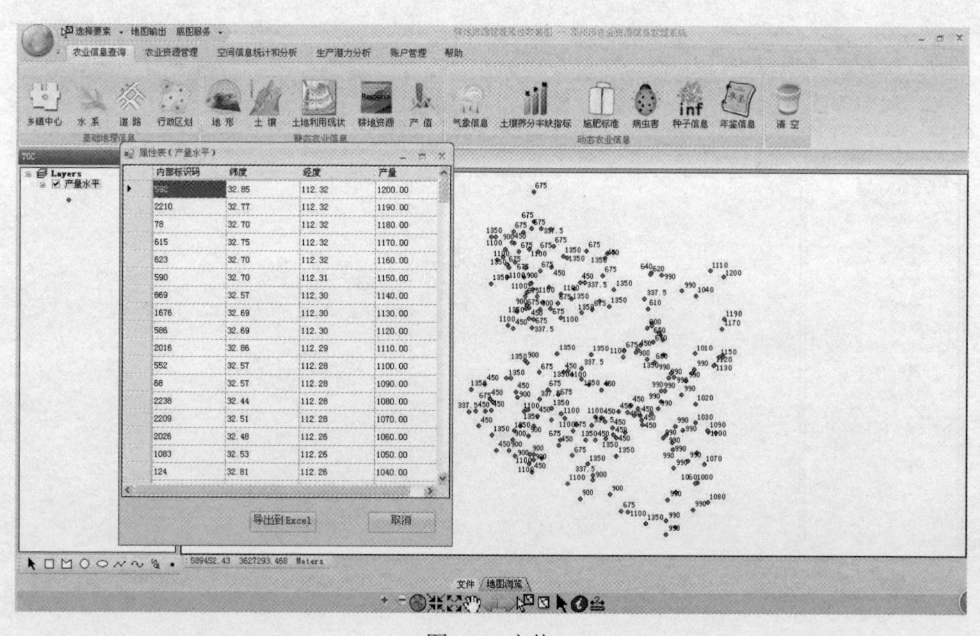

内部标识码	纬度	经度	产量
592	32.85	112.32	1200.00
2210	32.77	112.32	1190.00
78	32.70	112.32	1180.00
615	32.75	112.32	1170.00
623	32.70	112.32	1160.00
590	32.70	112.31	1150.00
869	32.57	112.30	1140.00
1676	32.69	112.30	1130.00
586	32.69	112.30	1120.00
2016	32.86	112.29	1110.00
552	32.57	112.28	1100.00
68	32.57	112.28	1090.00
2238	32.44	112.28	1080.00
2209	32.51	112.28	1070.00
2026	32.48	112.26	1060.00
1083	32.53	112.26	1050.00
124	32.81	112.26	1040.00

图 3.6　产值

产值的加载代码如下。

```
private void btnValue_Click(object sender, EventArgs e)
{
    dataName = "产量水平";
    LoadDataTable.LoadData(dataBasePath, dataName, mainMapControl);
    IMap pMap = this.mainMapControl.Map;
    this.m_controlsSynchronizer.ReplaceMap(pMap);
}
```

3.1.3 动态农业信息

动态农业信息包括某市的气象信息（如光照、气温、降雨等）（图 3.7）、土壤养分丰缺指标（图 3.8）、农作物施肥标准（图 3.9）、病虫害调查统计表（图 3.10）、种子信息查询（图 3.11）、年鉴信息查询（图 3.12）等，实现了气象信息、土壤养分、农作物施肥、病虫害、种子、年鉴等相关信息的浏览、查询等操作，为相关人员作出决策提供数据支持；还实现了将表格数据导出到 Excel 中的功能，最后将制图结果打印输出。

气象信息查询代码如下。

```
private void btnAtmosphere_Click(object sender, EventArgs e)
{
    frmAtmosphere = new AtmosphereFrm();
    frmAtmosphere.Show();
}
```

年鉴信息查询代码如下。

```
private void buttonItem17_Click(object sender, EventArgs e)
{
    frmYearBook = new YearBookFrm();
    frmYearBook.Show();
}
```

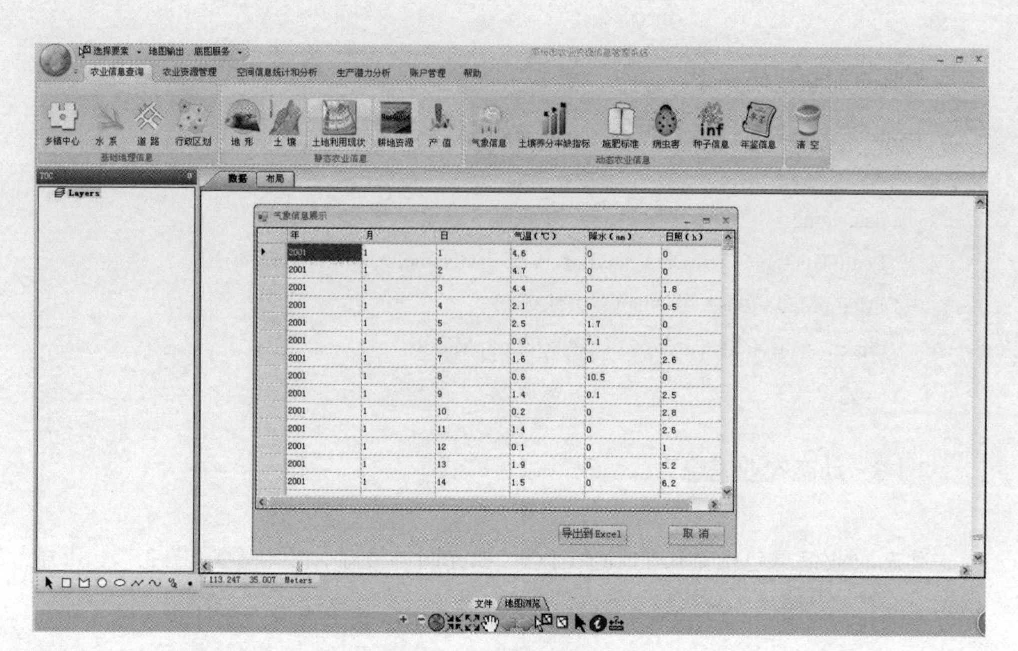

图 3.7 气象信息

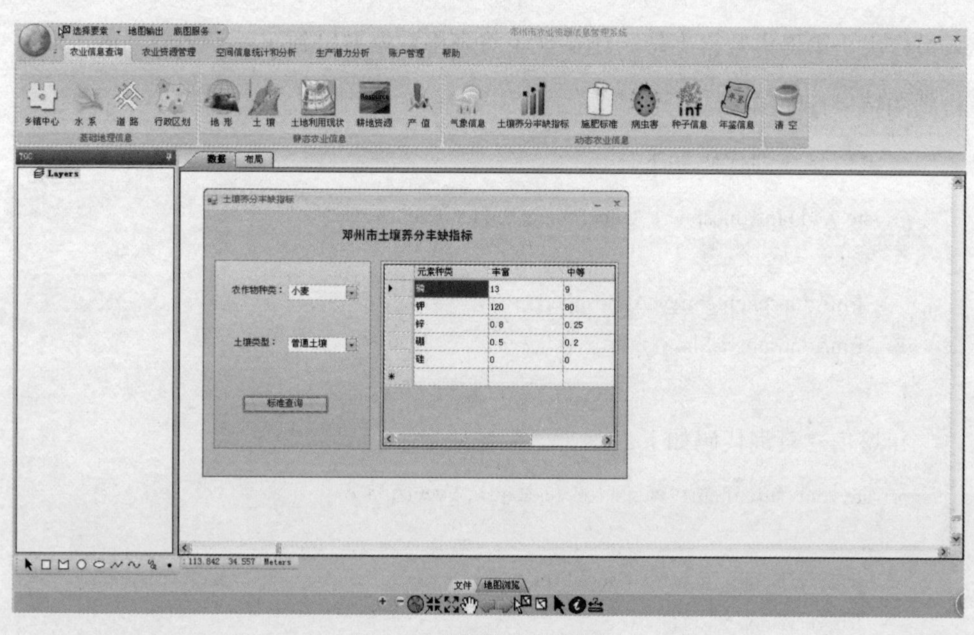

图 3.8 土壤养分丰缺指标

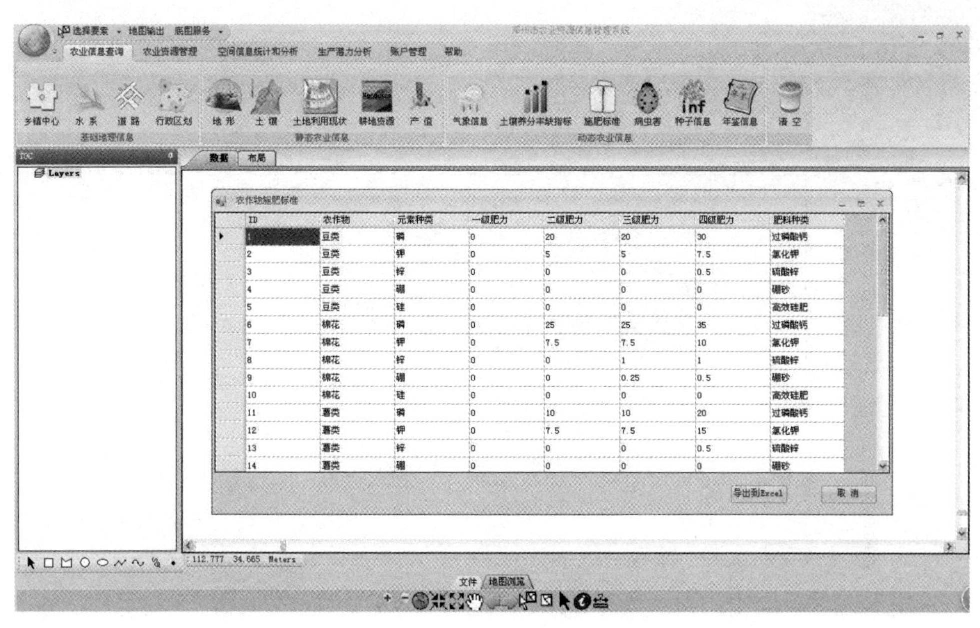

ID	农作物	元素种类	一级肥力	二级肥力	三级肥力	四级肥力	肥料种类
1	豆类	磷	0	20	20	30	过磷酸钙
2	豆类	钾	0	5	5	7.5	氯化钾
3	豆类	锌	0	0	0	0.5	硫酸锌
4	豆类	硼	0	0	0	0	硼砂
5	豆类	硅	0	0	0	0	高效硅肥
6	棉花	磷	0	25	25	35	过磷酸钙
7	棉花	钾	0	7.5	7.5	10	氯化钾
8	棉花	锌	0	0	1	1	硫酸锌
9	棉花	硼	0	0	0.25	0.5	硼砂
10	棉花	硅	0	0	0	0	高效硅肥
11	薯类	磷	0	10	10	20	过磷酸钙
12	薯类	钾	0	7.5	7.5	15	氯化钾
13	薯类	锌	0	0	0	0.5	硫酸锌
14	薯类	硼	0	0	0	0	硼砂

图 3.9　农作物施肥标准

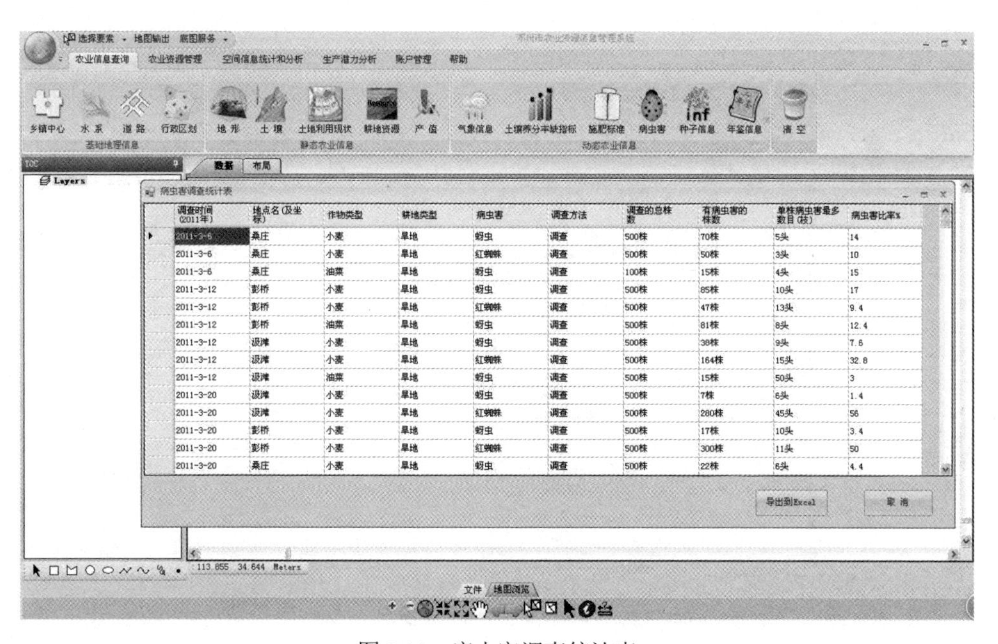

调查时间(2011年)	地点名(及坐标)	作物类型	耕地类型	病虫害	调查方法	调查的总株数	有病虫害的株数	单株病虫害最多数目(枝)	病虫害比率%
2011-3-6	桑庄	小麦	旱地	蚜虫	调查	500株	70株	5头	14
2011-3-6	桑庄	小麦	旱地	红蜘蛛	调查	500株	50株	3头	10
2011-3-6	桑庄	油菜	旱地	蚜虫	调查	100株	15株	4头	15
2011-3-12	彭桥	小麦	旱地	蚜虫	调查	500株	85株	10头	17
2011-3-12	彭桥	小麦	旱地	红蜘蛛	调查	500株	47株	13头	9.4
2011-3-12	彭桥	油菜	旱地	蚜虫	调查	500株	81株	8头	12.4
2011-3-12	汲滩	小麦	旱地	蚜虫	调查	500株	38株	9头	7.6
2011-3-12	汲滩	小麦	旱地	红蜘蛛	调查	500株	164株	15头	32.8
2011-3-12	汲滩	油菜	旱地	蚜虫	调查	500株	15株	50头	3
2011-3-20	汲滩	小麦	旱地	蚜虫	调查	500株	7株	6头	1.4
2011-3-20	汲滩	小麦	旱地	红蜘蛛	调查	500株	280株	45头	56
2011-3-20	彭桥	小麦	旱地	蚜虫	调查	500株	17株	10头	3.4
2011-3-20	彭桥	小麦	旱地	红蜘蛛	调查	500株	300株	11头	50
2011-3-20	桑庄	小麦	旱地	蚜虫	调查	500株	22株	6头	4.4

图 3.10　病虫害调查统计表

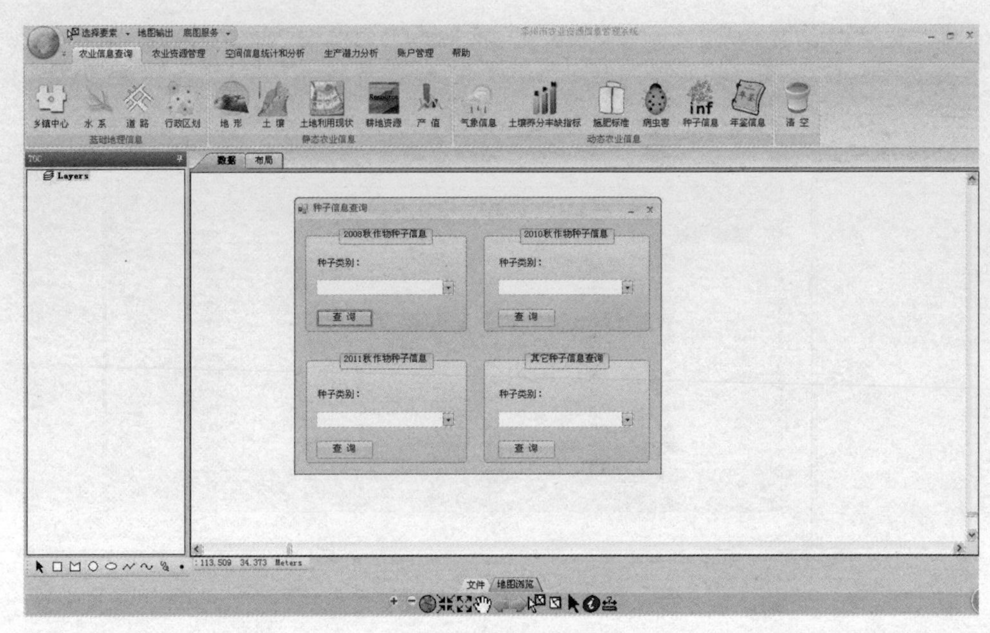

图 3.11 种子信息查询

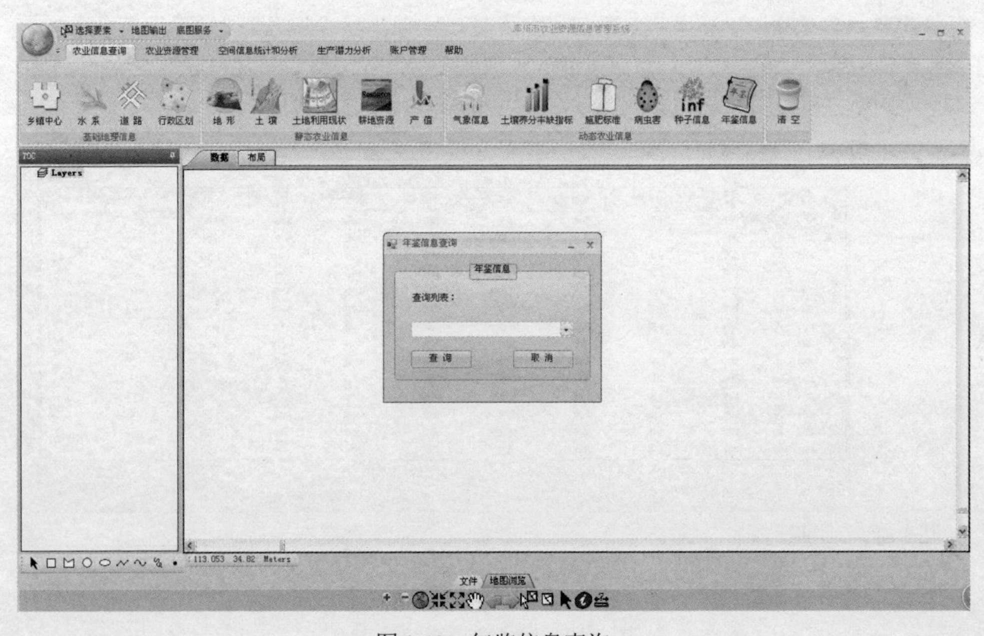

图 3.12 年鉴信息查询

地图的全视图、放大、缩小、移动等基本操作如图 3.13 所示。

图 3.13 基本操作

地图全视图代码如下。

```
private void bubbleBtnFullExtent_Click(object sender, DevComponents.DotNetBar.ClickEventArgs e)
{
    ICommand pCommand = new ControlsMapFullExtentCommandClass();
    pCommand.OnCreate(this.mainMapControl.Object);
    pCommand.OnClick();
}
```

地图放大代码如下。

```
private void bubbleBtnMapFixedZoomIn_Click(object sender, DevComponents.DotNetBar.
ClickEventArgs e)
{
    ICommand pCommand = new ControlsMapZoomInFixedCommandClass();
    pCommand.OnCreate(this.mainMapControl.Object);
    pCommand.OnClick();
}
```

地图缩小代码如下。

```
private void bubbleBtnFixedZoomOut_Click(object sender, DevComponents.DotNetBar.
ClickEventArgs e)
{
    ICommand pCommand = new ControlsMapZoomOutFixedCommandClass();
    pCommand.OnCreate(this.mainMapControl.Object);
    pCommand.OnClick();
}
```

地图移动代码如下。

```
private void bubbleBtnPan_Click(object sender, DevComponents.DotNetBar.ClickEventArgs e)
```

```
{
    ButtonChk(bubbleBtnPan);
    mmEvents = new MouseEvents { mapControl = this.mainMapControl };
    mmEvent = mmEvents.mouseEvent;

    ICommand pCommand = new ControlsMapPanToolClass();
    ITool pTool = pCommand as ITool;
    switch (this.tabControl.SelectedTabIndex)
    {
        case 0:
          pCommand.OnCreate(this.mainMapControl.Object);
          this.mainMapControl.CurrentTool = pTool;
          break;
        case 1:
          pCommand.OnCreate(this.axPageLayoutControl.Object);
          this.axPageLayoutControl.CurrentTool = pTool;
          break;
    }
}
```

3.2 农业资源管理

农业资源管理模块包括耕地资源管理和灌溉资源管理两个子模块。

3.2.1 耕地资源管理

耕地资源管理模块主要实现了耕地资源查询(空间查询和属性查询两种方法)及耕地资源编辑（增加、删除和修改耕地资源属性数据记录表）两种功能。空间查询又包括点击查询（图 3.14)、线划查询（图 3.15)、矩形查询（图 3.16)、圆形查询（图 3.17)、多边形查询（图 3.18）五种查询方法，属性查询包括根据内部标识码查询和地块所在乡镇和村名称查询两种方法（图3.19），同时可以将查询结果以表格形式展示并导出Excel表格。

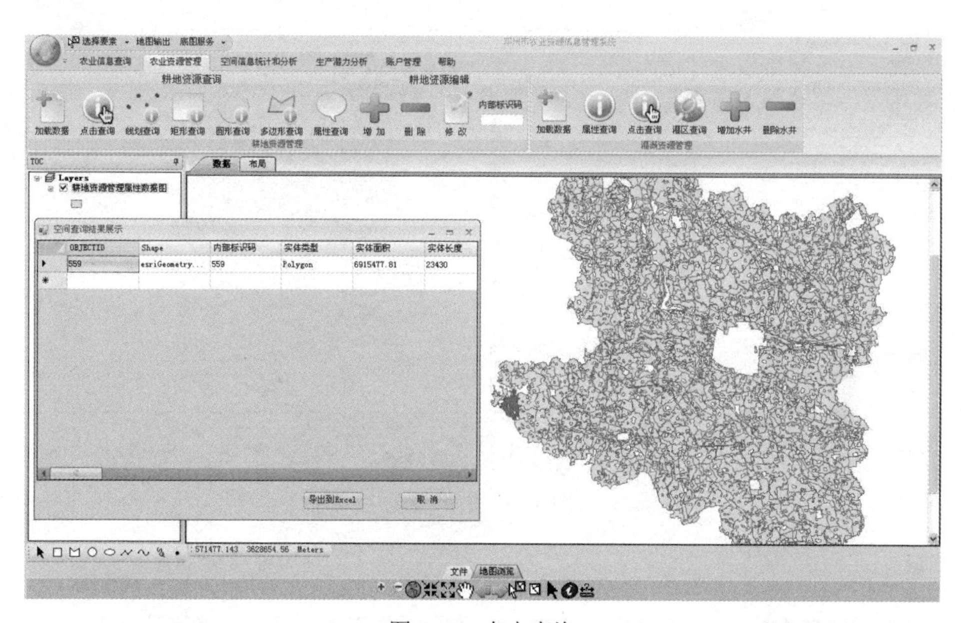

图3.14　点击查询

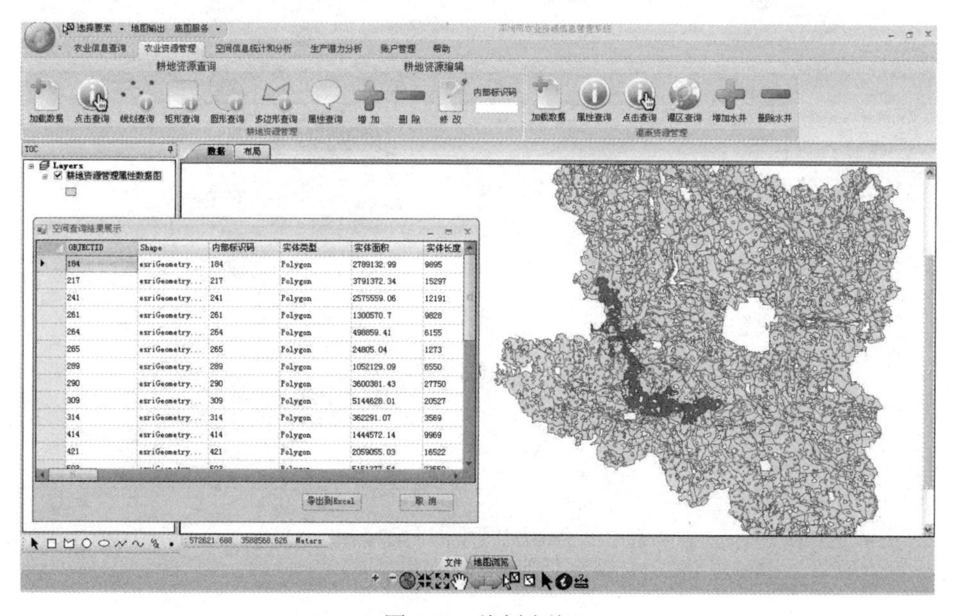

图3.15　线划查询

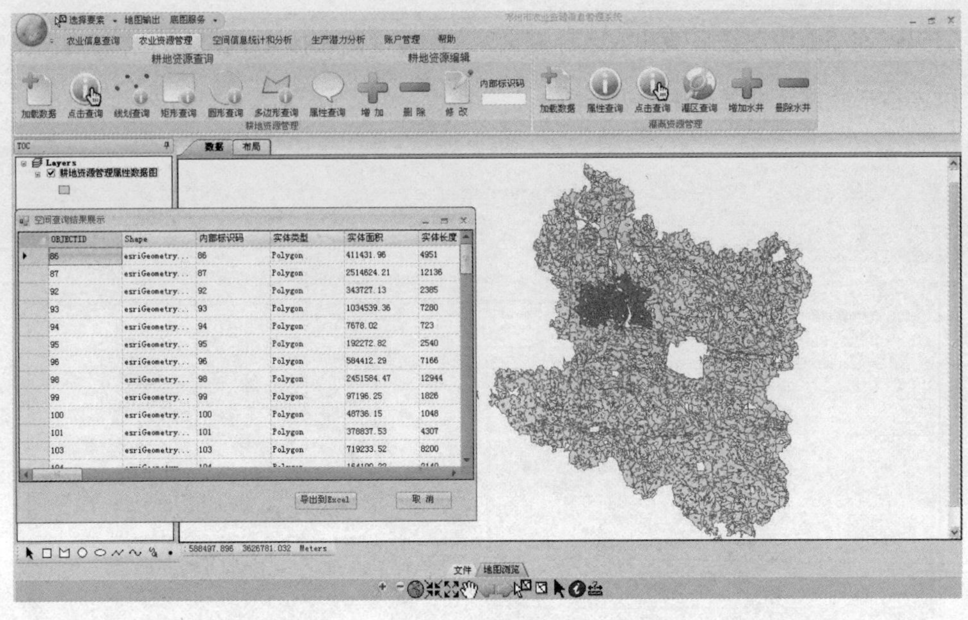

图 3.16 矩形查询

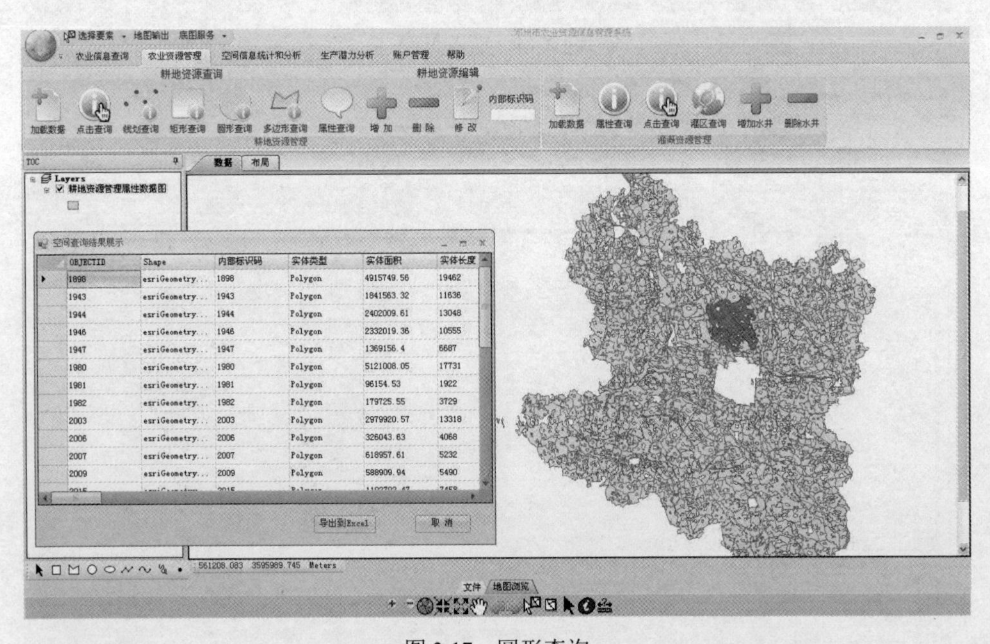

图 3.17 圆形查询

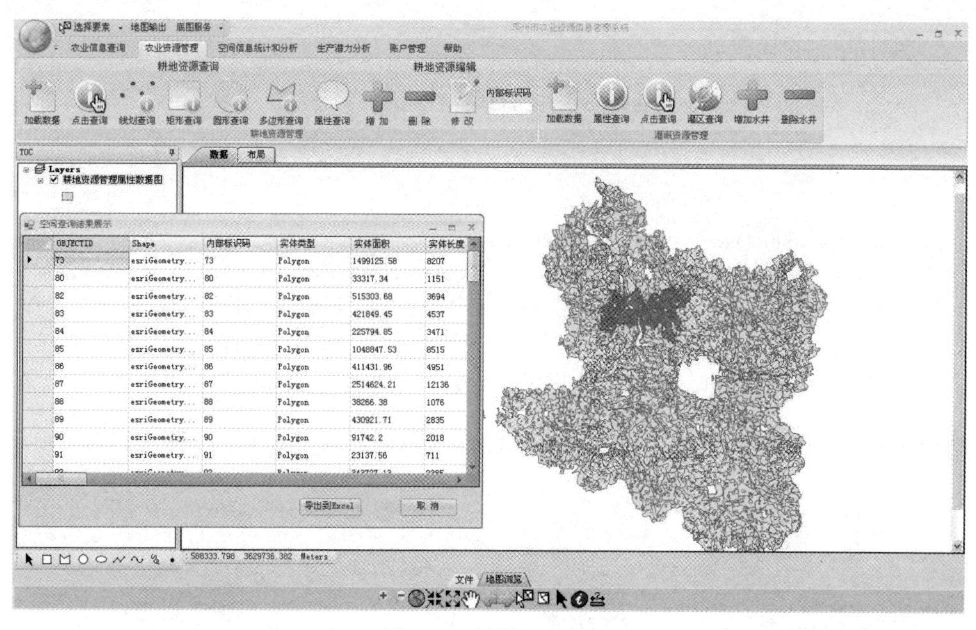

图 3.18　多边形查询

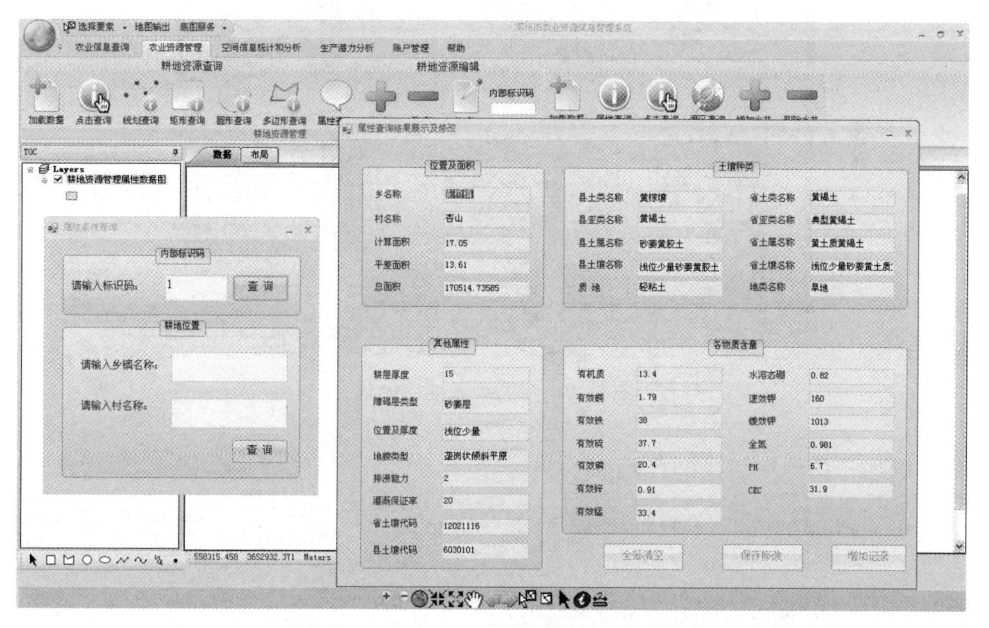

图 3.19　属性查询

属性查询的代码如下。

```
private void btnCondition_Click(object sender, EventArgs e)
{
    manager = "query";
    frmAttributeQuery = new AttributeQueryFrm(manager);
    frmAttributeQuery.Show();
}
```

耕地资源属性数据记录表的删除和修改必须通过内部标识码操作，增加一条地块记录时，数据库中新增记录的内部标识码自动加 1（图 3.20、图 3.21）。

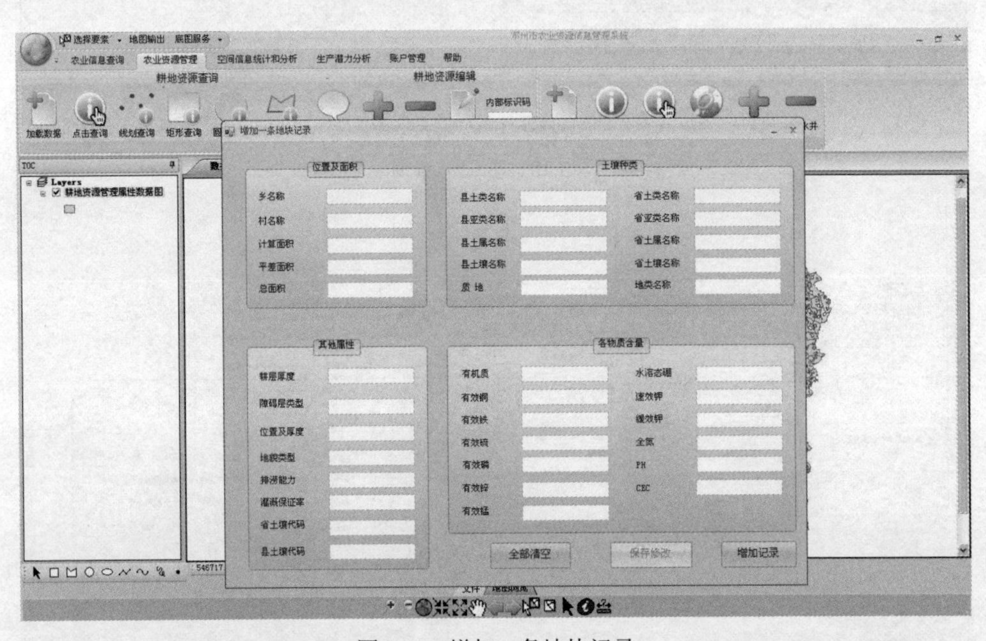

图 3.20 增加一条地块记录

增加一条地块记录的代码如下。

```
private void btnAdd_Click(object sender, EventArgs e)
{
    if (MainFrm.userrole == role.普通用户)
    {
```

```
            MessageBox.Show("您当前的权限为普通用户不具有此权限\n 若一定要执行该操作请联系管理员");
            return;
        }
        manager = "add";
        frmQueryDisplay = new QueryDisplayFrm(manager);
        frmQueryDisplay.Show();
    }
```

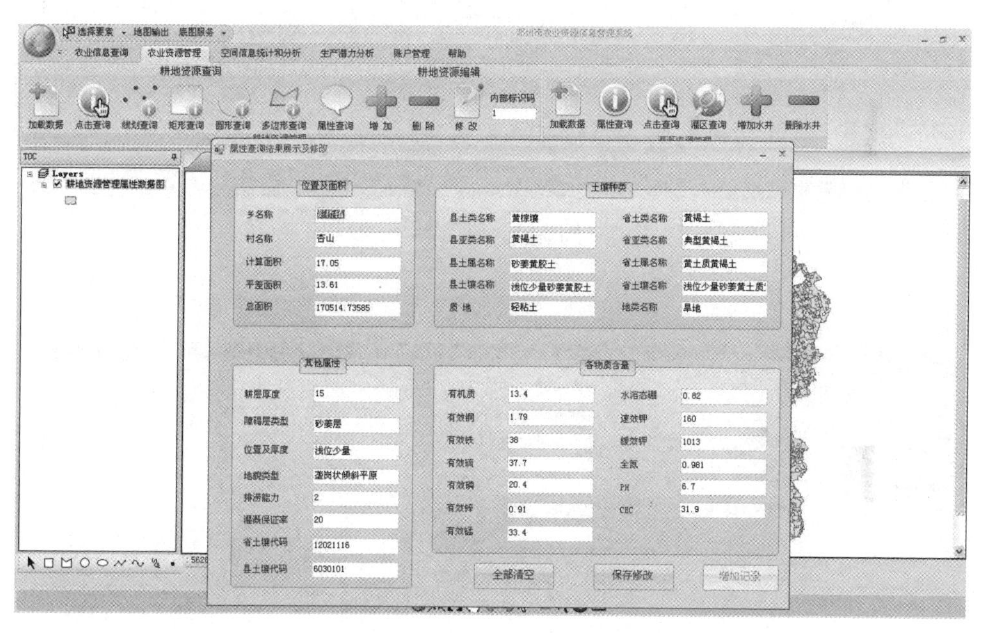

图 3.21　修改一条地块记录

3.2.2　灌溉资源管理

灌溉资源管理功能模块包括属性查询（图 3.22）、点击查询（图 3.23）、灌区查询（图 3.24）、增加水井（图 3.25）和删除水井（图 3.26）。

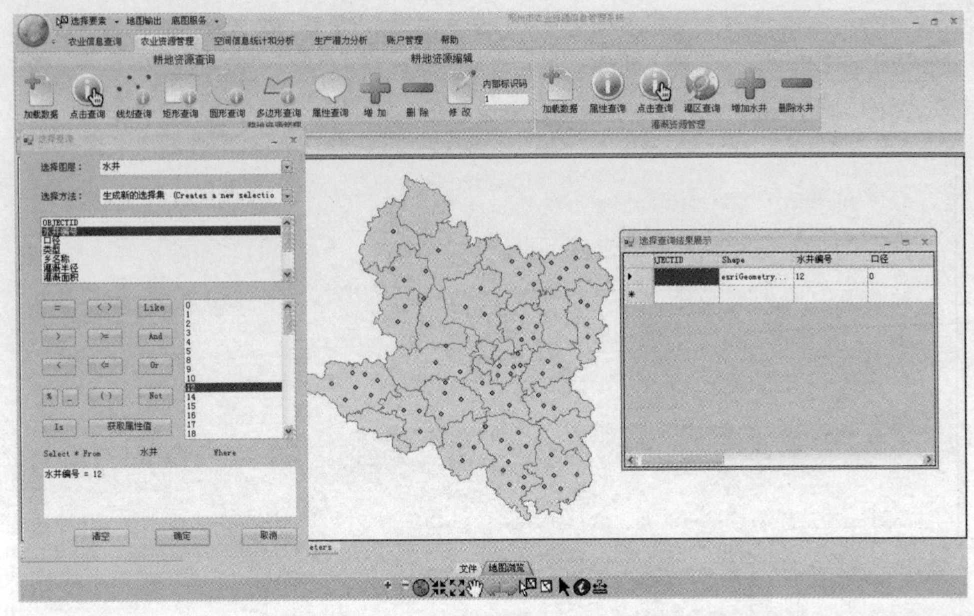

图 3.22　属性查询

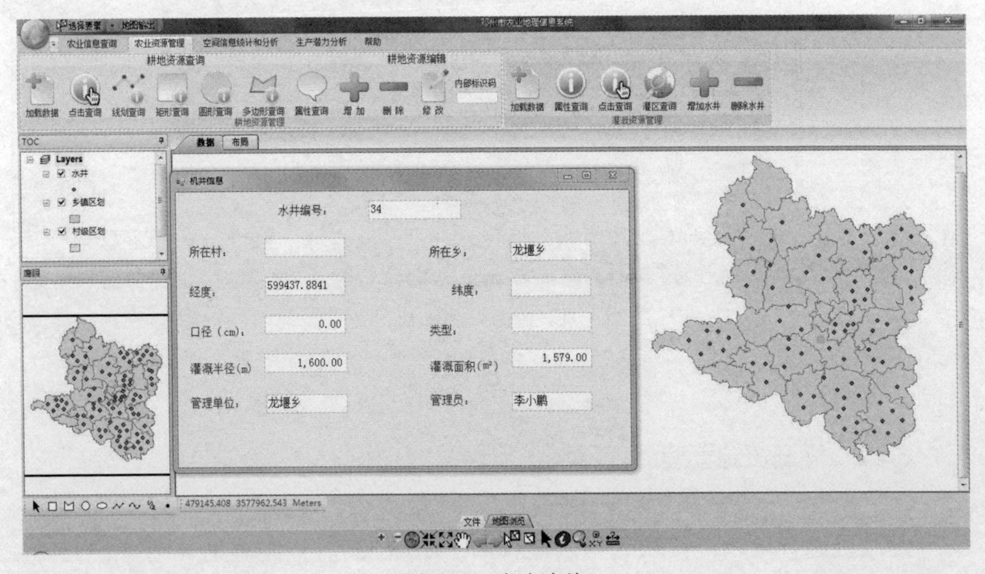

图 3.23　点击查询

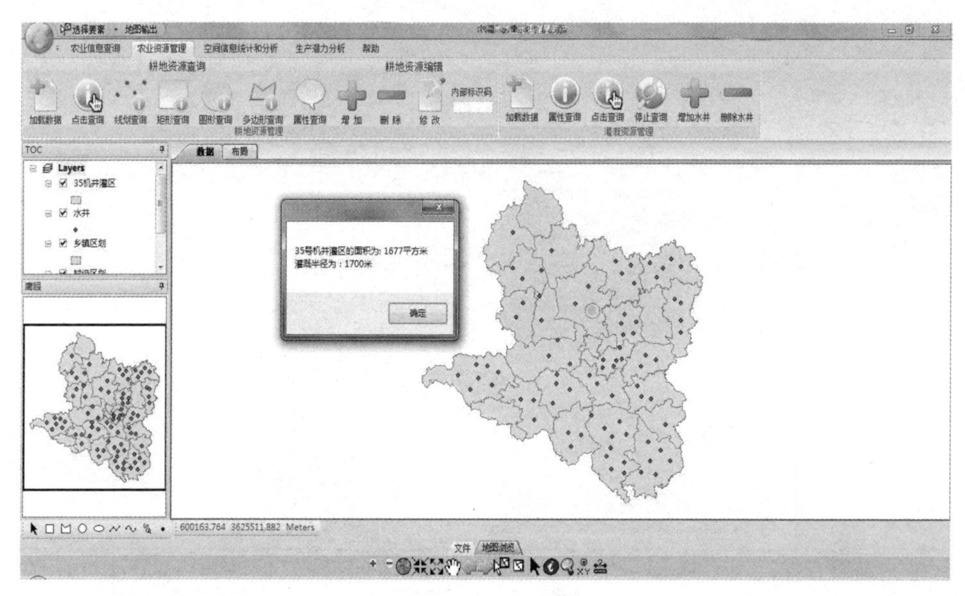

图 3.24　灌区查询

灌区查询的代码如下。

```
private void buttonItem29_Click(object sender, EventArgs e)
{
    ShowWellinfo = false;
    ClickAddWell = false;
    if (selbuffer == true)
    {
      selbuffer = false;
      buttonItem29.Text = "灌区查询";
    }
    else
    {
      selbuffer = true;
      buttonItem29.Text = "停止查询";
    }

    mainMapControl.CurrentTool = null;
}
```

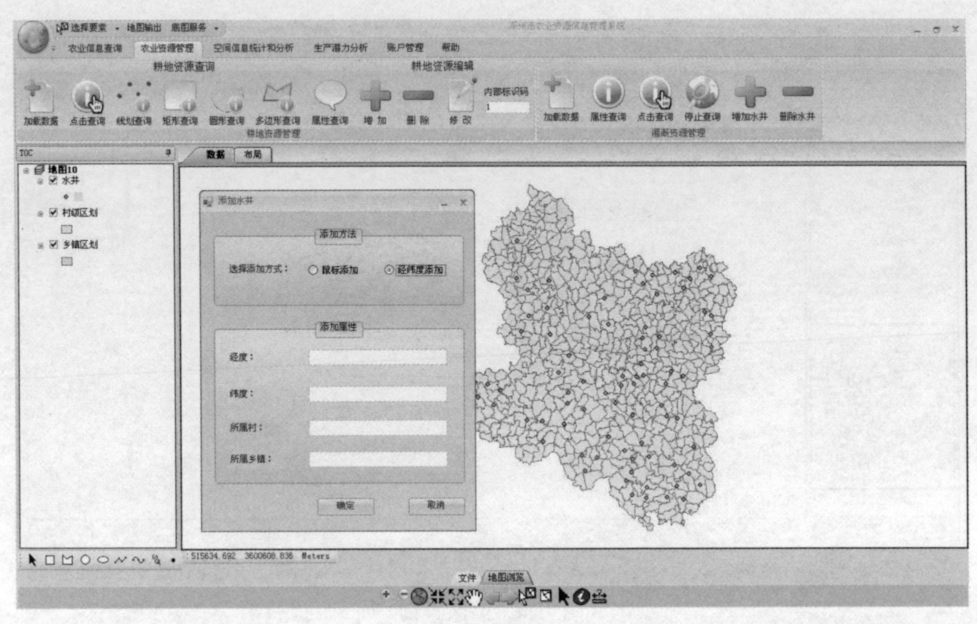

图 3.25 增加水井

增加水井的代码如下。

```
private void buttonItem13_Click(object sender, EventArgs e)
{
    if (MainFrm.userrole == role.普通用户)
    {
        MessageBox.Show("您当前的权限为普通用户不具有此权限\n 若一定要执行该操作请联系管理员");
        return;
    }
    if (GetLayerByName(mainMapControl.Map, "乡镇区划") ==
        null || GetLayerByName(mainMapControl.Map, "村级区划") ==
        null || GetLayerByName(mainMapControl.Map, "水井") == null)
    {
      MessageBox.Show("请先加载必要数据地图");
      return;
    }
    this.mainMapControl.CurrentTool = null;
```

```
        IFeatureLayer pFeatureLayer = GetLayerByName(mainMapControl.Map, "水井") as
IFeatureLayer;
        frmAddWell = new AddWellFrm(this,pFeatureLayer);
        frmAddWell.Show();
    }
```

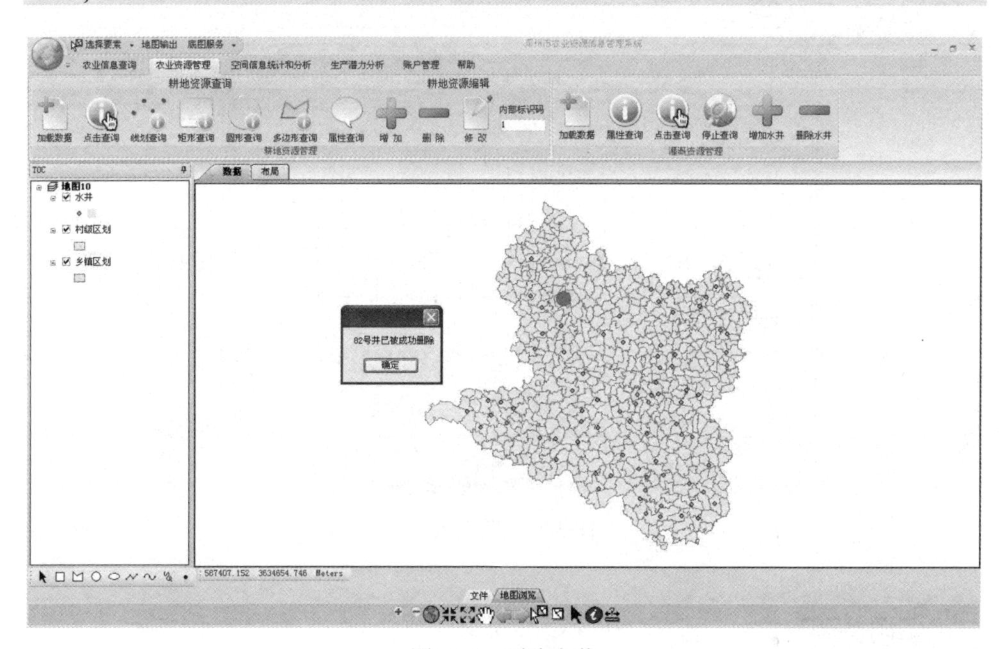

图 3.26 删除水井

3.3 空间信息统计和分析

空间信息统计和分析模块包括专题图统计和渲染、空间插值分析、空间分析三个子模块。

3.3.1 专题图统计和渲染

专题图统计和渲染模块主要实现某市基本情况统计功能，能够让用户更加形象、直观地查看某市的面积、人口、户数、农业人口等，可以通过图表统计（图 3.27）、表格统计（图 3.28）、图层渲染（图 3.29）三种方式实现。

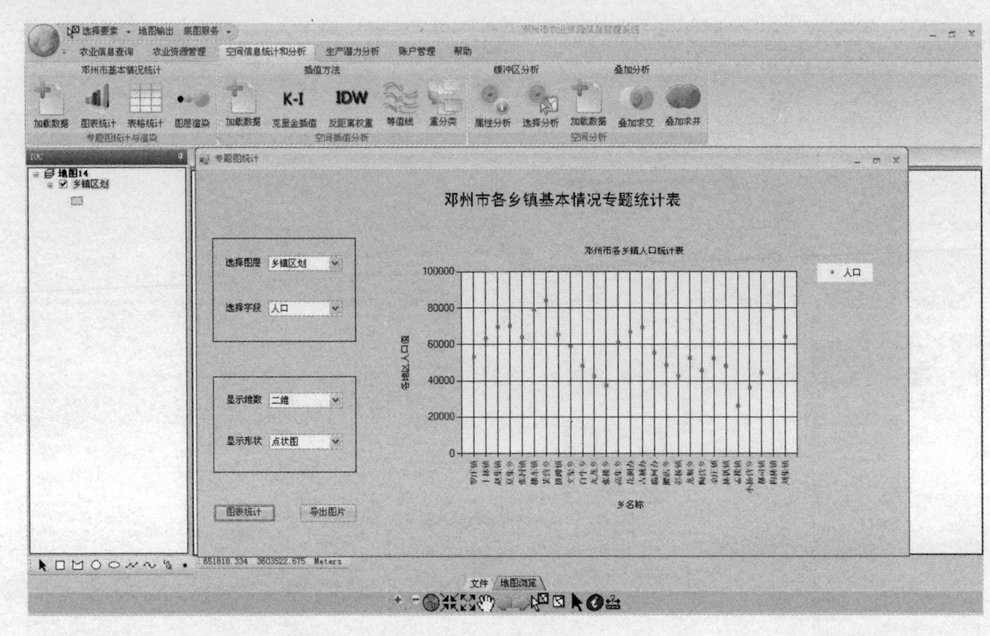

图 3.27 图表统计

邓州市基本情况表格统计

内部标识码	实体面积	实体长度	乡代码	乡名称	面积	总户数	人口	男性人口	非农业人口	光合生产值	光温生产值
1	83585377.25	44930.00	102	罗庄镇	83585377.25	13629.00	53215.00	28073.00	2007.00	159424.22	9218.29
2	93890799.25	60773.00	108	十林镇	93890799.25	16965.00	63321.00	33608.00	2021.00	160734.01	8835.15
3	115653830.00	70782.00	111	赵集镇	115653827.65	21957.00	69656.00	37216.00	4666.00	159967.16	9317.20
4	112773150.00	82008.00	304	夏集乡	112773146.43	16690.00	70140.00	37095.00	2067.00	157895.41	10370.62
5	84498421.47	57966.00	109	张村镇	84498421.47	16097.00	63963.00	34158.00	2434.00	160248.99	8789.62
6	97509505.15	71672.00	104	穰东镇	97509505.15	18064.00	79268.00	41494.00	3273.00	158222.72	10345.92
7	140407250.00	76234.00	305	裴营乡	140407250.47	21475.00	84062.00	44589.00	2184.00	159685.37	9588.34
8	64463354.78	51135.00	103	汲滩镇	91410213.71	18471.00	65352.00	34240.00	3213.00	155222.67	11186.95
9	77991377.79	52908.00	310	文渠乡	77991377.79	14895.00	58864.00	31273.00	2495.00	158022.30	8485.63
10	73345428.24	60103.00	302	白牛乡	73345428.24	13175.00	48123.00	25446.00	1806.00	156005.78	10956.60
11	76193630.78	50217.00	320	九龙乡	76193630.78	10070.00	42555.00	22549.00	983.00	158016.96	8394.17
12	66913080.54	51981.00	301	张楼乡	66913080.54	10828.00	37387.00	19935.00	1339.00	155282.68	10931.60
13	129942410.00	77001.00	311	高集乡	129942407.34	15753.00	60896.00	32126.00	1582.00	159149.46	8817.98
14	12281192.96	21778.00	002	花洲办	12281192.96	34696.00	66887.00	33769.00	47844.00	159747.58	10545.79

导出到Excel 取 消

图 3.28 表格统计

表格统计的代码如下。

```
private void btnTable_Click(object sender, EventArgs e)
{
    if (this.mainMapControl.LayerCount <= 0)
    {
        MessageBox.Show("请先加载数据图层!");
        return;
    }
    int i;
    for (i = 0; i < mainMapControl.LayerCount; i++)
    {
        if (mainMapControl.get_Layer(i).Name == "乡镇区划")
        {
            break;
        }
        if (mainMapControl.get_Layer(i).Name != "乡镇区划")
        {
           continue;
       }

    }
    if (i == mainMapControl.LayerCount)
    {
        MessageBox.Show("请先加载乡镇区划数据图层!");
        return;
    }
    frmTableStatistics = new TableStatisticsFrm(this.mainMapControl);
    frmTableStatistics.Show();
}
```

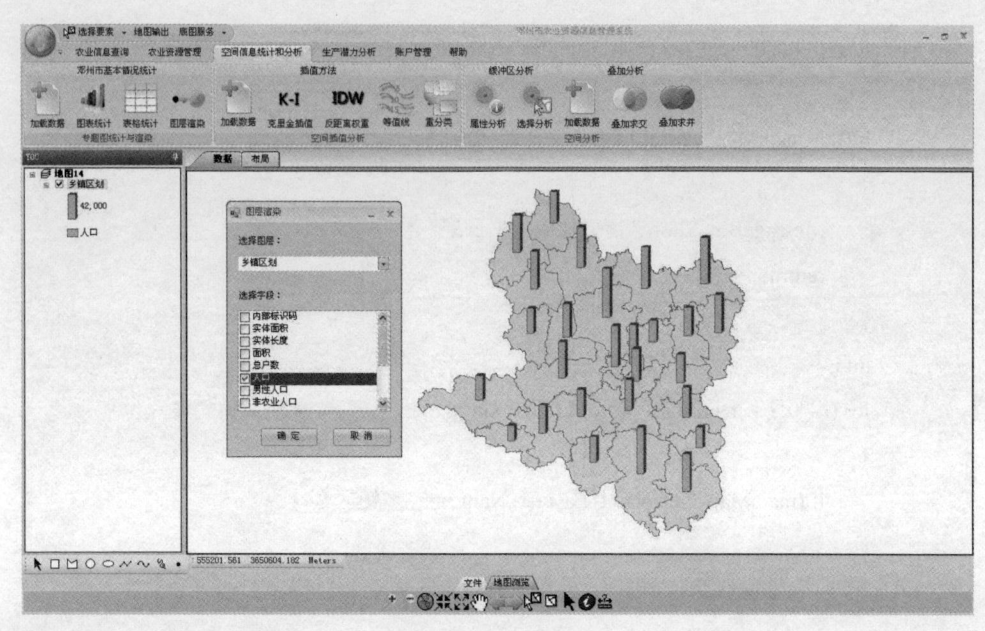

图 3.29 图层渲染

图层渲染的代码如下。

```
private void btnRender_Click(object sender, EventArgs e)
{
    if (this.mainMapControl.LayerCount <= 0)
    {
        MessageBox.Show("请先加载数据图层!");
        return;
    }
    int i;
    for (i = 0; i < mainMapControl.LayerCount; i++)
    {
        if (mainMapControl.get_Layer(i).Name == "乡镇区划")
        {
            break;
```

```
            }
            if (mainMapControl.get_Layer(i).Name != "乡镇区划")
            {
                continue;
            }
        }
        if (i == mainMapControl.LayerCount)
        {
            MessageBox.Show("请先加载乡镇区划数据图层!");
            return;
        }
        frmLayerRender = new LayerRenderFrm(this.mainMapControl,this.axTOCControl);
        frmLayerRender.Show();
    }
```

3.3.2 空间插值分析

空间插值分析模块主要实现对化验数据进行栅格插值并提取等值线进行重分类等功能。一般采集的数据都以离散点的形式存在，只有在这些采样点上才有较准确的数值，而其他未采样点上都没有数值。然而，在实际应用中需要用到某些未采样点的值，此时需要通过采样点的数值推算未采样点的数值。该过程就是栅格插值的过程。插值结果将生成一个连续表面，可以在该连续表面上得到每个点的数值。所以，空间插值分析模块很重要也很必要。插值方法主要有克里金插值（图 3.30、图 3.31）和反距离权重插值两种。插值后，还可以实现生成等值线（图 3.32）和重分类（图 3.33）功能。

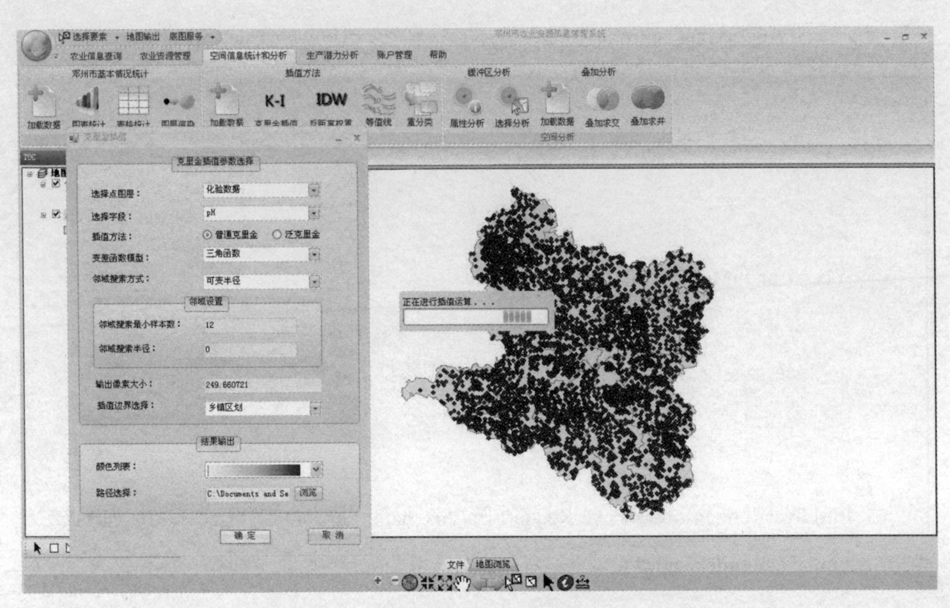

图 3.30 克里金插值

克里金插值的代码如下。

```
private void btnKriging_Click(object sender, EventArgs e)
  {
    if (this.mainMapControl.LayerCount == 0)
    {
        MessageBox.Show("请先选择数据图层！ ");
        return;
    }
    frmKrigingMethod = new KrigingMethodFrm(this.mainMapControl);
    frmKrigingMethod.Show();
}
```

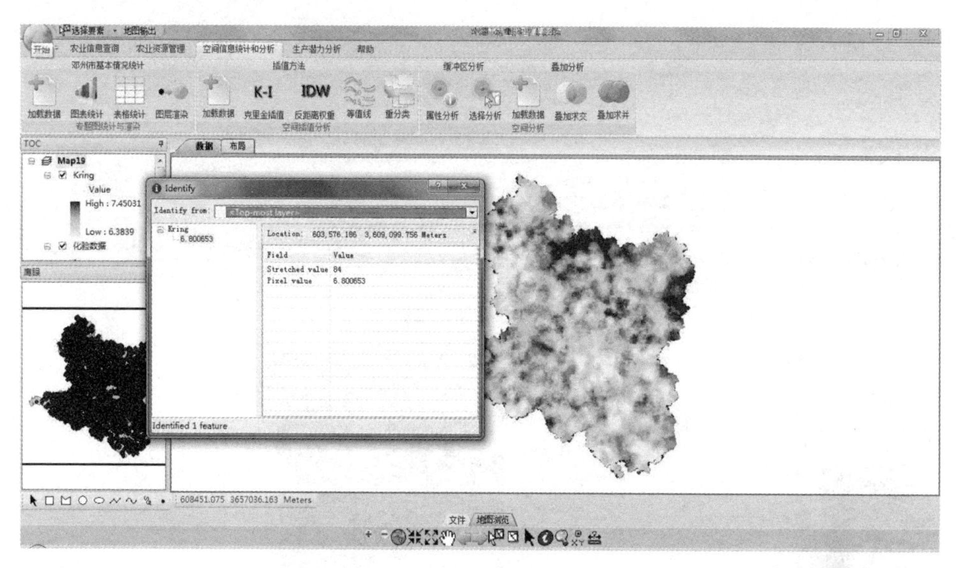

图 3.31 克里金插值结果

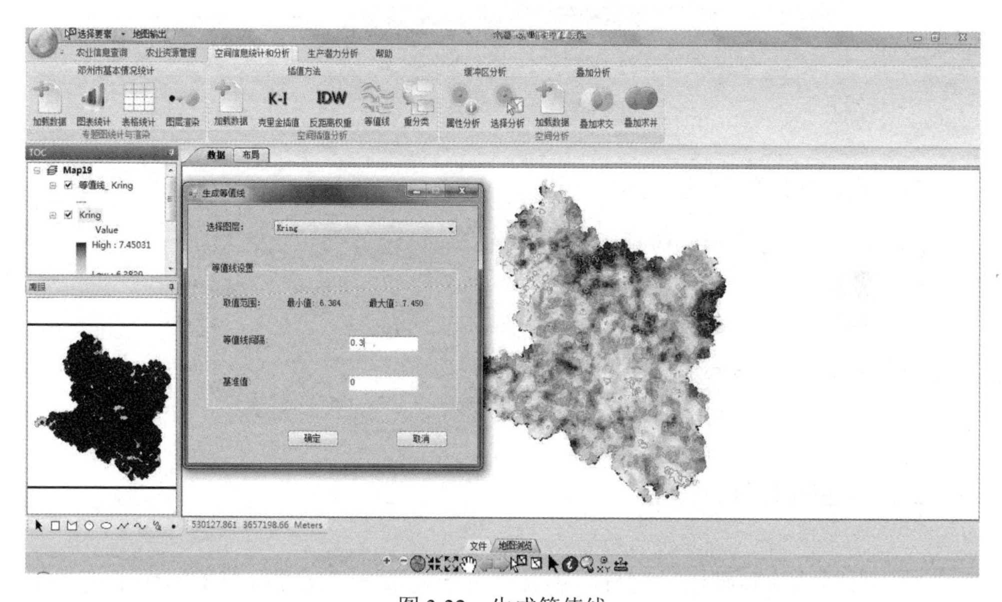

图 3.32 生成等值线

生成等值线的代码如下。

```
private void btnContour_Click(object sender, EventArgs e)
{
    frmContour = new ContourFrm(this.mainMapControl);
```

```
        frmContour.Show();
    }
```

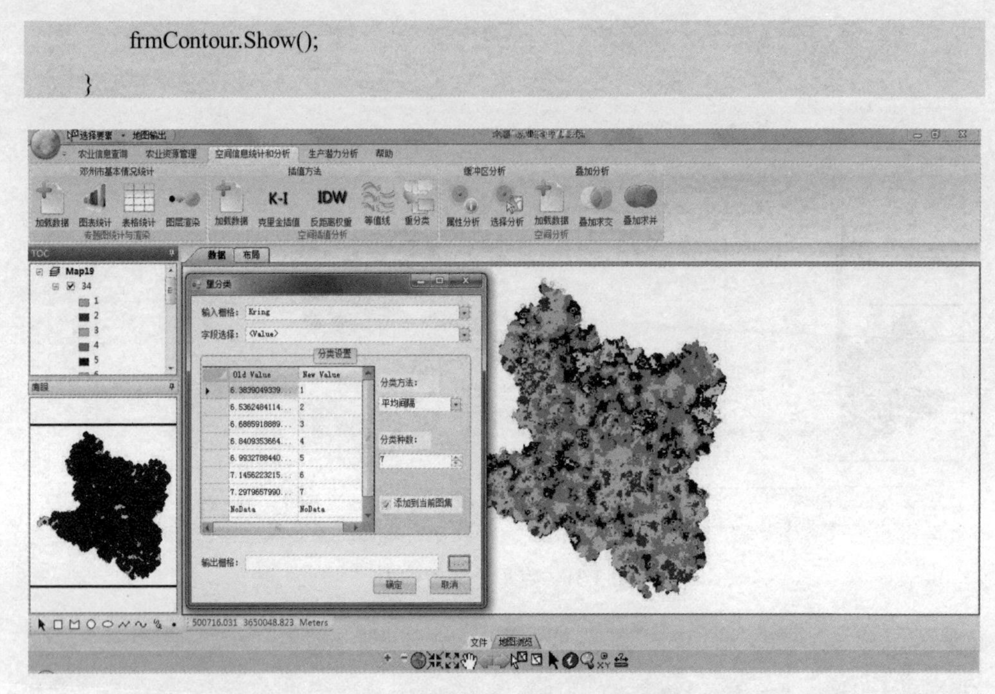

图 3.33　重分类

重分类的代码如下。

```
private void btnReclassify_Click(object sender, EventArgs e)
{
    frmReclassify = new ReclassifyFrm(mainMapControl);
    frmReclassify.Show();
}
```

3.3.3　空间分析

空间分析模块包括缓冲区分析和叠加分析两部分。缓冲区分析的作用是计算选定图层中图元的缓冲区，选择图层中的图元有根据属性选择（图 3.34）和空间选择两种方法，选定图元后设置缓冲区距离进行分析（图 3.35）即可。叠加分析有叠加求交（图 3.36）和叠加求并（图 3.37）两种。叠加求交命令的作用是对输入图层与目标图层进行叠加运算，输出图层是输入图层与目标图层的相交部分，属性表中的字段是两个图层中的全部或选定部分字段。叠加求交命令的典型应用是用土壤图和农用地地块图（土地利用现状图中的一部分）“叠加求交”，生成耕地资源管理单元图。叠加求并命令的作用是对输入图层与目标图层进行叠加运算，输出图层包括输入图层与目标图层中全部，属性表中的字段是两个图层中全部或选定部分的字段。

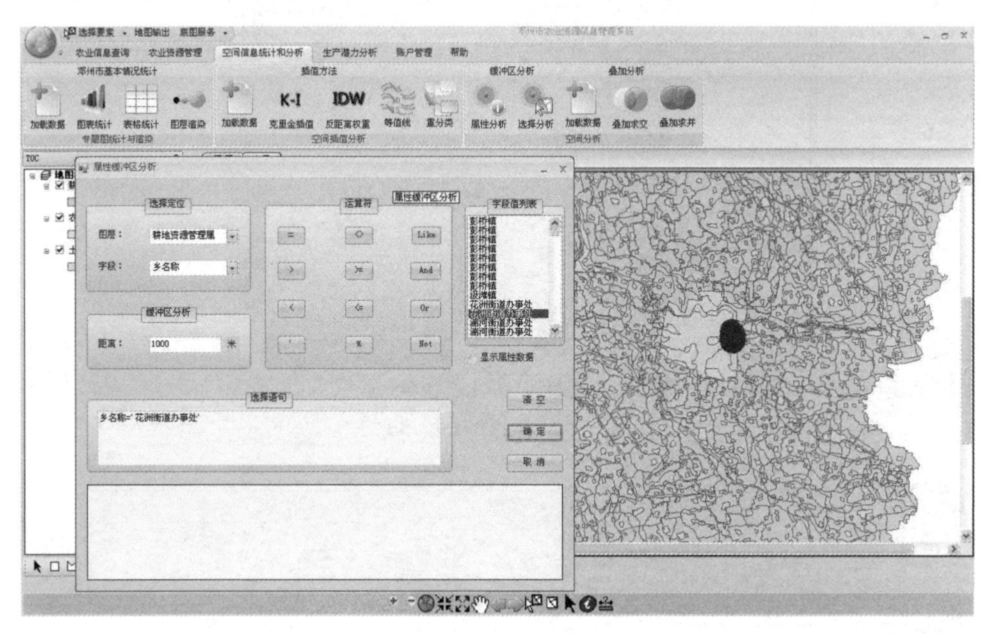

图 3.34　属性分析

属性分析的代码如下。

```
private void buttonItem2_Click(object sender, EventArgs e)
{
    if (this.mainMapControl.LayerCount == 0)
    {
        MessageBox.Show("请先加载数据图层!");
        return;
    }
    frmBuffer = new BufferFrm(this.mainMapControl);
```

```
        frmBuffer.Show();
    }
```

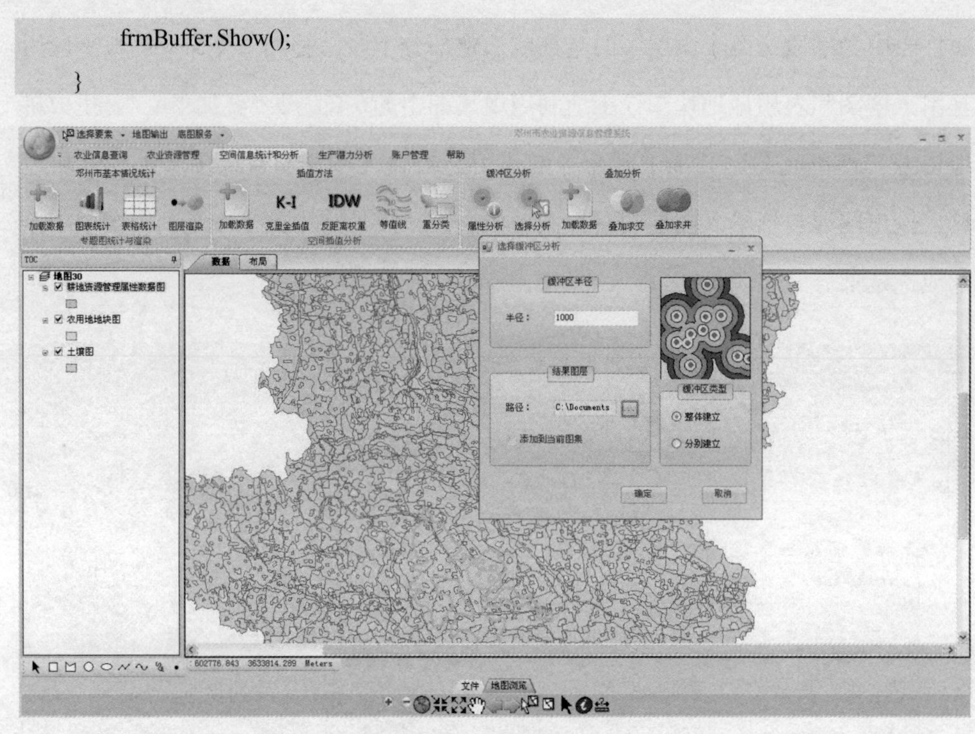

图 3.35 选择缓冲区分析

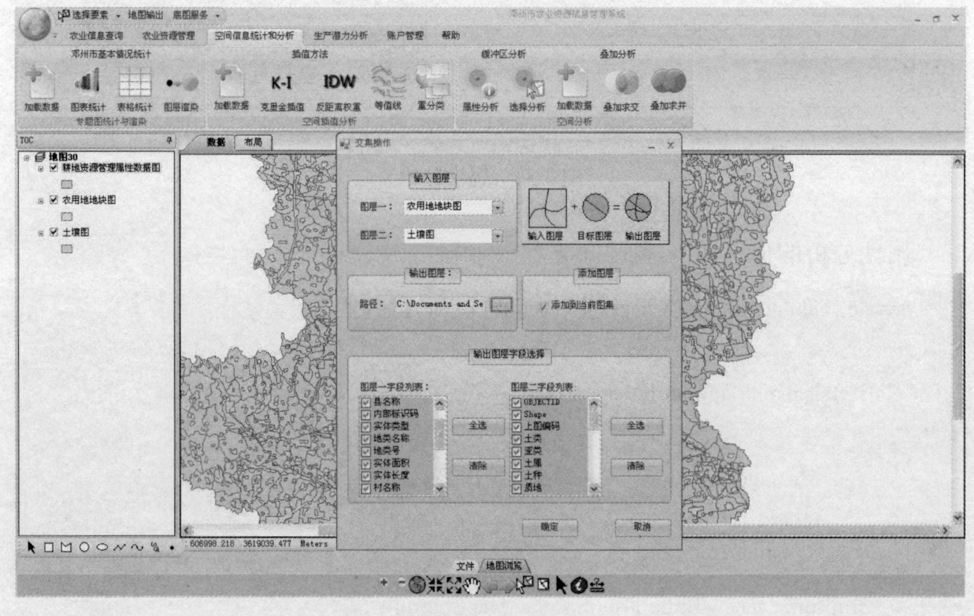

图 3.36 叠加求交

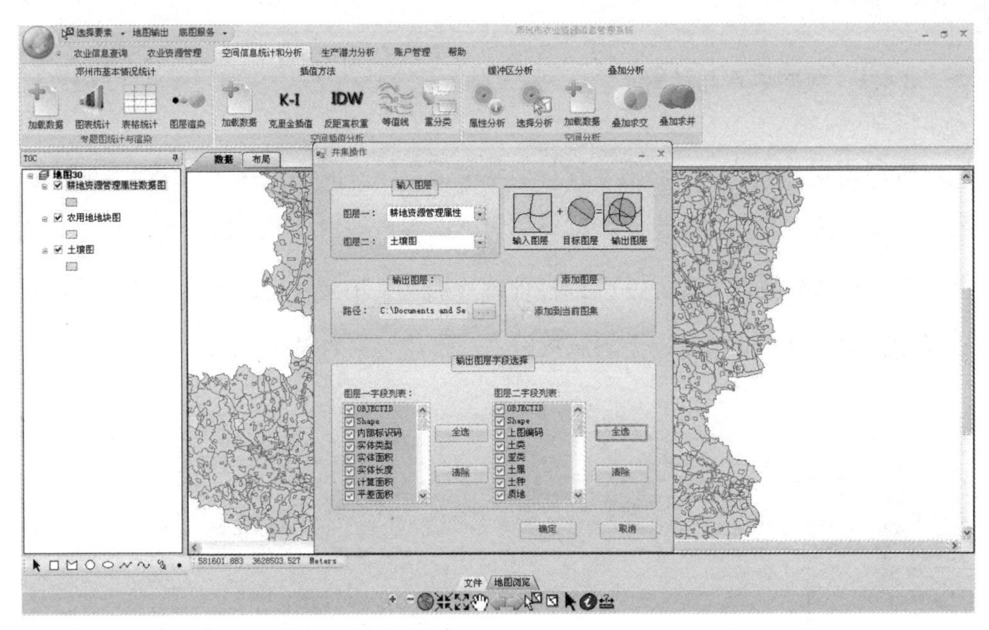

图 3.37 叠加求并

叠加求并的代码如下。

```
private void buttonItem5_Click(object sender, EventArgs e)
{
    if (this.mainMapControl.LayerCount == 0)
    {
        MessageBox.Show("请先加载图层!");
        return;
    }
    frmUnion = new UnionFrm(this.mainMapControl);
    frmUnion.Show();
}
```

3.4 生产潜力分析

生产潜力分析模块包括数据导入与计算、生产潜力、渲染三个子模块。

3.4.1 数据导入与计算

数据加载有两种方式：第一种是加载全部数据（图 3.38），即 1999—2008 年站点观测到的气温、降雨量、太阳总辐射、蒸腾量数据的平均值；第二种是计算并导入加载部分数据（图 3.39），选择性地添加从某年某月某日到某年某月某日站点观测到的气温、降雨量、太阳总辐射、蒸腾量数据的平均值。

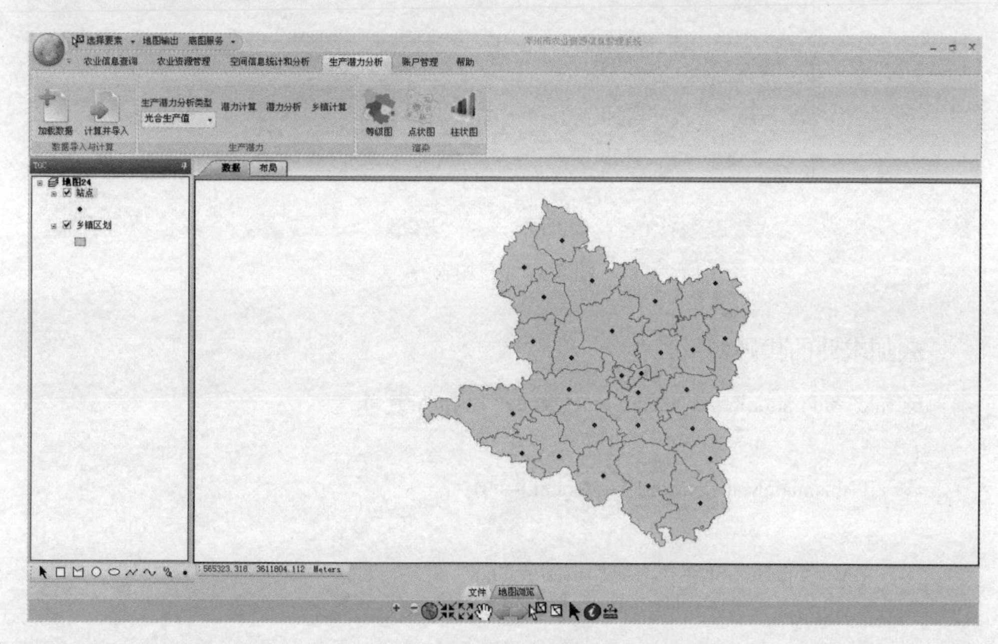

图 3.38　加载数据

加载数据的代码如下。

```
private void buttonItem20_Click(object sender, EventArgs e)
{
    if (this.mainMapControl.LayerCount == 0)
    {
        LoadDataTable.LoadData(dataBasePath, "乡镇区划", mainMapControl);
        LoadDataTable.LoadData(dataBasePath, "站点", mainMapControl);
```

```
            if (AddDT)
                getwms();
                IMap pMap = this.mainMapControl.Map;
                this.m_controlsSynchronizer.ReplaceMap(pMap);
        }
        else
        {
            DialogResult result = MessageBox.Show("是否保存当前地图?", "警告",
MessageBoxButtons.YesNoCancel, MessageBoxIcon.Question);
            if (result == DialogResult.Cancel) return;
            if (result == DialogResult.Yes)
            {
                this.btnSaveDoc_Click(null, null);
            }
            this.mainMapControl.ClearLayers();
            this.mainMapControl.Map = new MapClass();
            this.mainMapControl.DocumentFilename = "";
            this.m_controlsSynchronizer.ReplaceMap(this.mainMapControl.Map);
            this.Text = "某市农业资源信息管理系统";
            LoadDataTable.LoadData(dataBasePath, "乡镇区划", mainMapControl);
            LoadDataTable.LoadData(dataBasePath, "站点", mainMapControl);
            if (AddDT)
                getwms();
                IMap pMap = this.mainMapControl.Map;
                this.m_controlsSynchronizer.ReplaceMap(pMap);
        }
    }
```

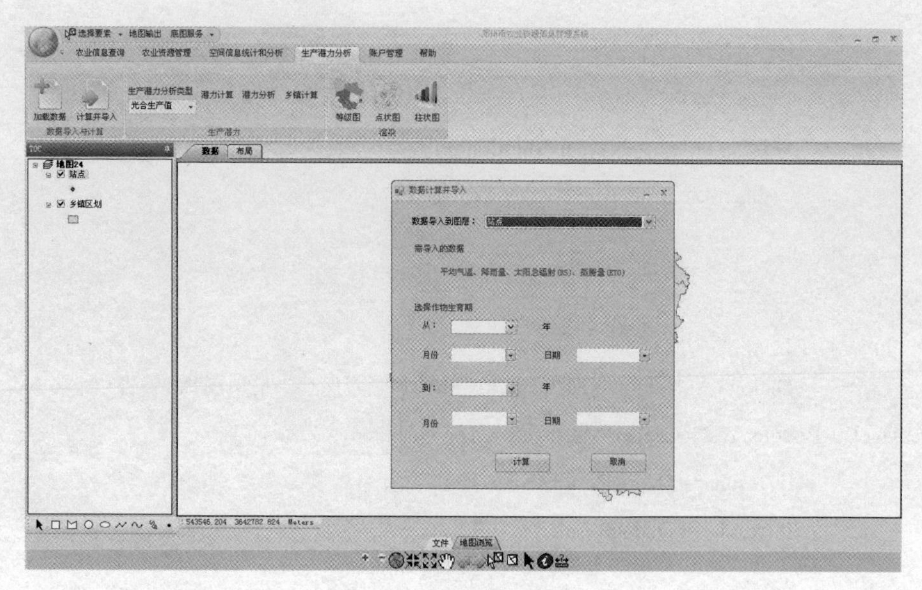

图 3.39 数据计算并导入

3.4.2 生产潜力

生产潜力模块提供四种生产潜力分析类型：光合生产潜力、光温生产潜力、气候生产潜力和土壤生产潜力。其中，光合生产潜力是指假定温度、水分、二氧化碳、土壤肥力、作物的群体结构、农业技术措施均处于最适宜条件，由当地太阳辐射单独决定的产量是作物产量的理论上限。光温生产潜力是指在农业生产条件得到充分保证、水分和二氧化碳充分供应、无不利因素的条件下，理想群体在当地光、温资源条件下达到的最高产量。气候生产潜力是指充分、合理利用当地的光、热、水气候资源，而其他条件（如土壤、养分、二氧化碳等）处于最适宜条件下，单位面积土地上可能获得的最高生物学产量或农业产量。土壤生产潜力是指在现有耕作技术水平及与之适应的措施下土地的最大生产能力，它的确切含义包括理论潜力和现实潜力（km/hm^2）。

以光合生产值为例，潜力计算如图 3.40 所示，潜力分析如图 3.41 所示，乡镇生产潜力计算如图 3.42 所示。

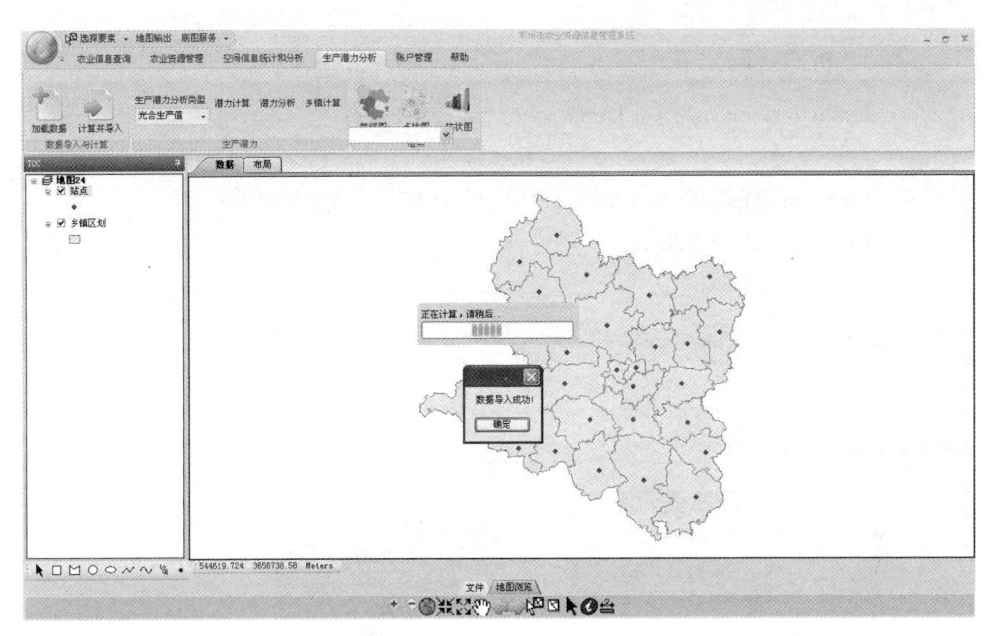

图 3.40　潜力计算

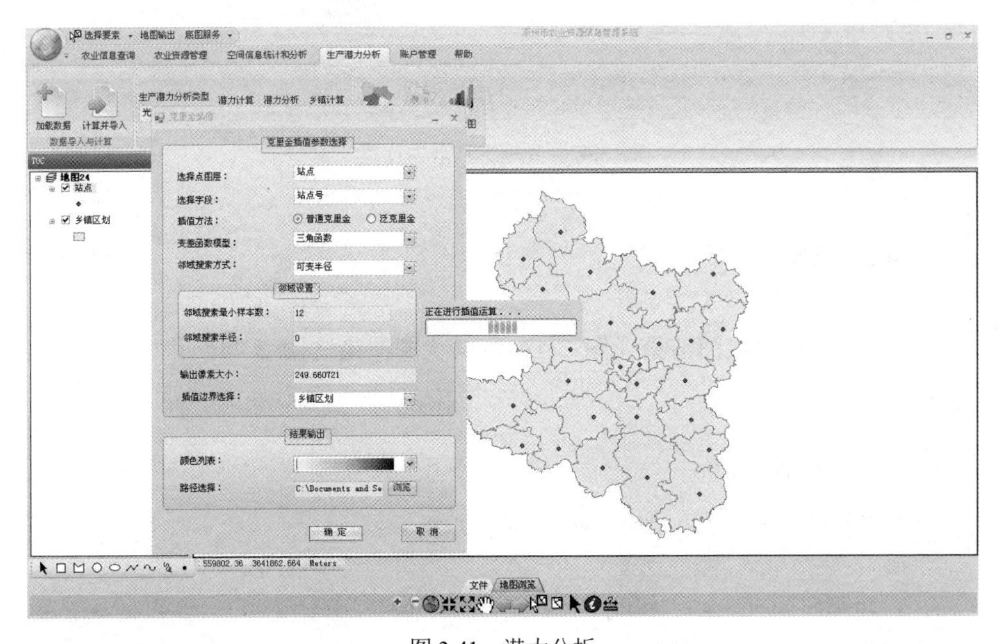

图 3.41　潜力分析

潜力分析的代码如下。

```
private void buttonItem23_Click(object sender, EventArgs e)
{
    frmKrigingMethod = new KrigingMethodFrm(this.mainMapControl);
    frmKrigingMethod.Show();
}
```

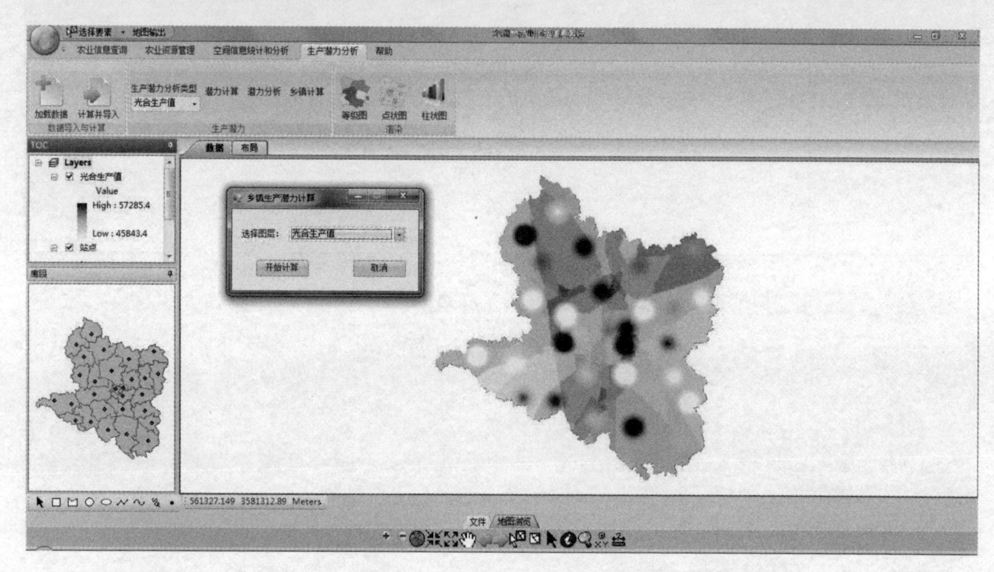

图 3.42　乡镇生产潜力计算

3.4.3　渲染

渲染方法有等级图渲染（图 3.43）、点状图渲染（图 3.44）和柱状图渲染（图 3.45）三种。

功能实现代码如下。

```
private void buttonItem26_Click(object sender, EventArgs e)
{
    frmDotGraph = new DotGraphFrm();
    frmDotGraph.Show();
}
```

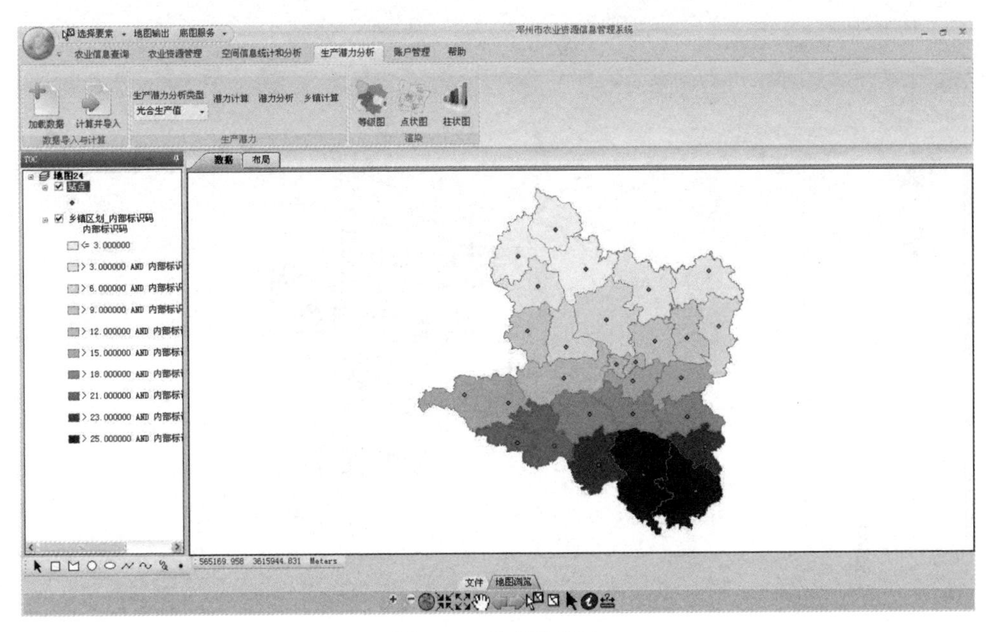

图 3.43　等级图渲染

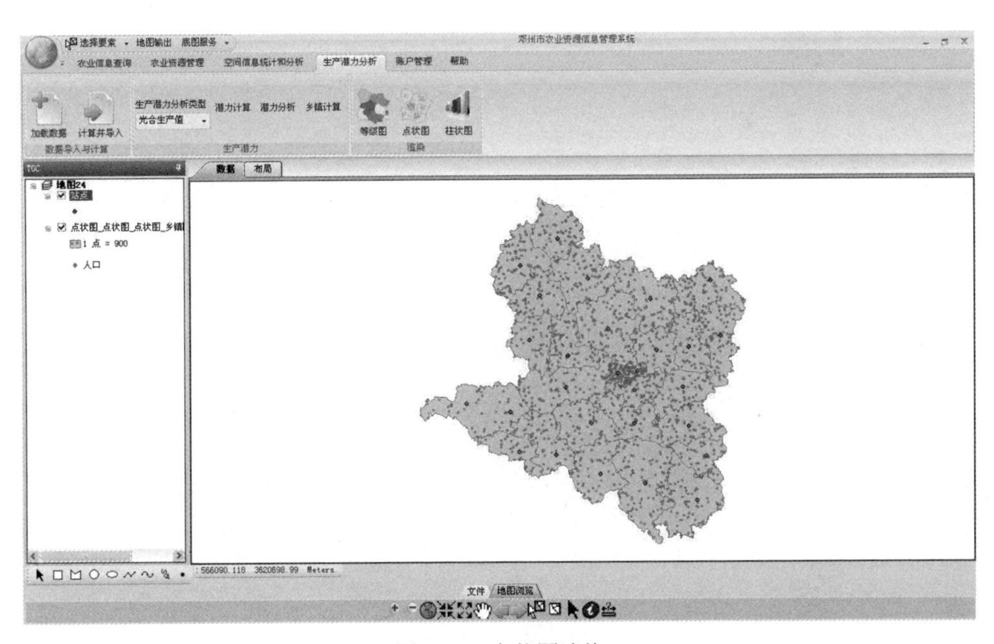

图 3.44　点状图渲染

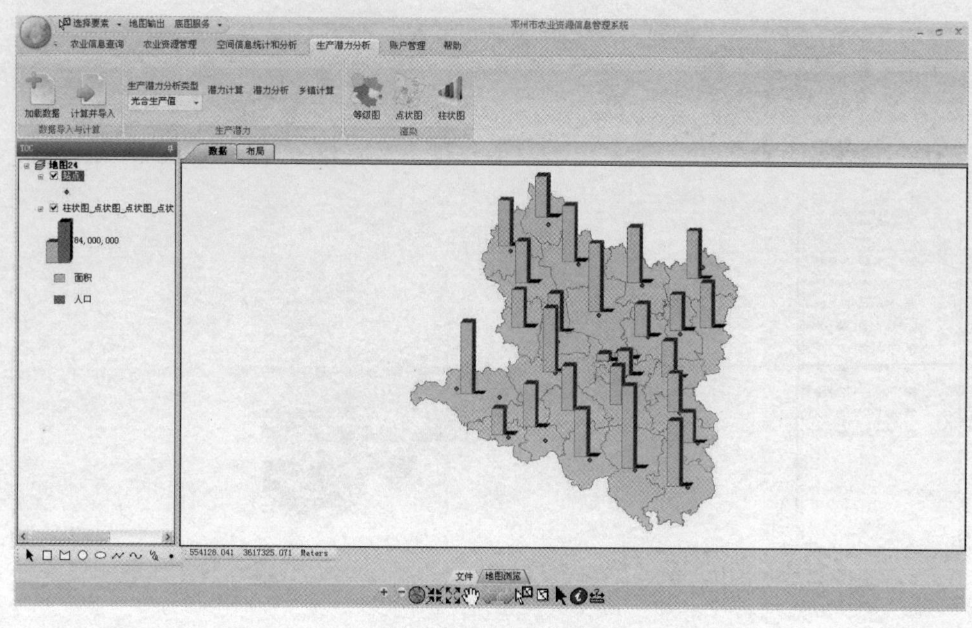
选择要素
地图输出
底图服务
郑州市农业资源信息管理系统
农业信息查询
农业资源管理
空间信息统计和分析
生产潜力分析
账户管理
帮助
加载数据
计算并导入
数据导入与计算
生产潜力分析类型
光合生产值
潜力计算
潜力分析
乡镇计算
生产潜力
等级图
点状图
柱状图
渲染
TOC
数据
布局
地图24
柱状图_点状图_点状图_点状
84,000,000
面积
人口
554128.041 3617325.071 Meters
文件
地图浏览

图 3.45 柱状图渲染

第 4 章　水利资源信息管理系统

水利资源信息管理系统主要包含基础地理信息、水库管理、机井管理、地下水监测、水文分析、洪涝灾害、其他共七大模块。

4.1　基础地理信息模块

基础地理信息模块包含二维地图和气象信息两个子模块，分别包含七个功能按钮和三个功能按钮。

4.1.1　二维地图

二维地图包含行政区划（图 4.1）、行政村（图 4.2）、道路图（图 4.3）、水系图（图 4.4）、地形图（图 4.5）、清空地图（图 4.6）和三维展示（图 4.7）等信息，实现了地图的加载、放大、缩小、移除、漫游、识别、量算等基本操作，还可以查看地图的属性表、缩放到图层、高亮标注地图要素、保存为 Layer 文件等操作；同时实现了将表格数据导出到 Excel 中的功能，最后可以将制图结果打印输出。

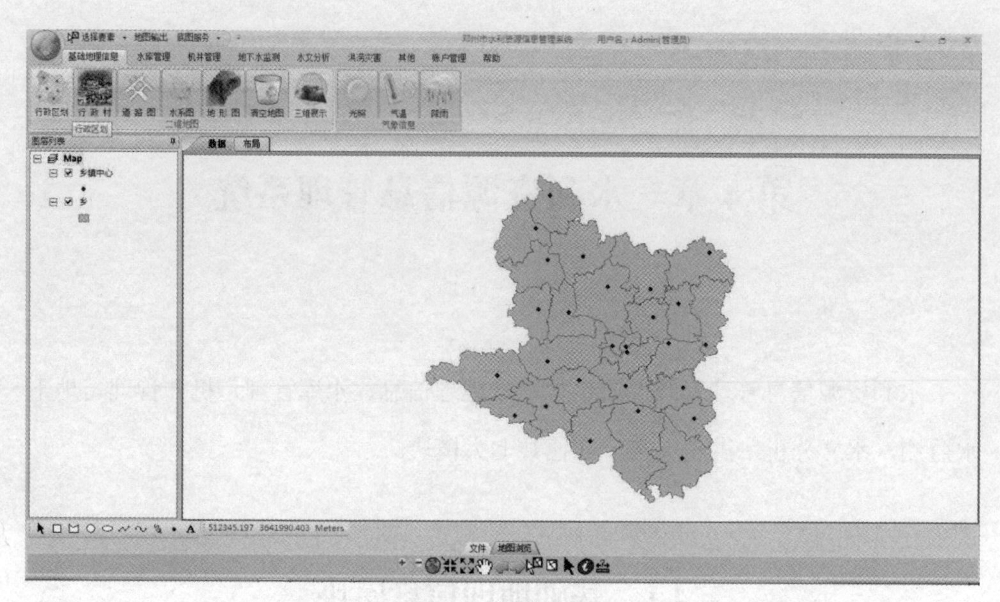

图 4.1 行政区划

加载行政区划的代码如下。

```
private void adminmap_Click(object sender, EventArgs e)
{
    //mainMapControl.ClearLayers();
    Thread t = new Thread(new ThreadStart(ShowProgressBar));
    t.IsBackground = true;
    t.SetApartmentState(ApartmentState.STA);
    t.Start();
    CheckDT();
    if (AddDT)                  //如果需要添加底图
    {
        if (Has_addDT)      //如果已经添加，就在删除其他图层时，保留底图
        {
            while (mainMapControl.LayerCount > 1)  //如果已经加载地图，且当前是要
求加载地图的，就不需要再次加载了
            {
                //ILayer ly_temp = mainMapControl.get_Layer(0);
                mainMapControl.DeleteLayer(0);
```

```
                }
            }
            else  //如果没有添加，就可以删除当前加载的所有图层
            {
                mainMapControl.ClearLayers();
            }
        }
        else  //如果不需要添加地图，就删除所有图层
        {
            Has_addDT = false;
            mainMapControl.ClearLayers();
        }
        try
        {
            if (AddDT && Has_addDT==false)        //如果需要加载地图且还没有加载，就需
要加载
            getwms();
        }
        //增加 NEWMAP 的服务作为底图
        catch (Exception ex)
        {
            Has_addDT = false;
            MessageBox.Show("服务器连接失败，未成功加载底图！");
        }
        finally
        {
            IFeatureLayer player1= GeodatabaseAdmin.getshpfromGeo(path3, "乡");
            IFeatureLayer player2= GeodatabaseAdmin.getshpfromGeo(path3, "乡镇中心");
            mainMapControl.AddLayer(player1);
            mainMapControl.AddLayer(player2);
            IMap pMap = this.mainMapControl.Map;
            this.m_controlsSynchronizer.ReplaceMap(pMap);
            try
            {
```

```
                t.Abort();
                while (t.ThreadState != ThreadState.Stopped && t.ThreadState !=
ThreadState.Aborted)
                {
                    Thread.Sleep(100);
                }
            }
            catch { }

        }
}
```

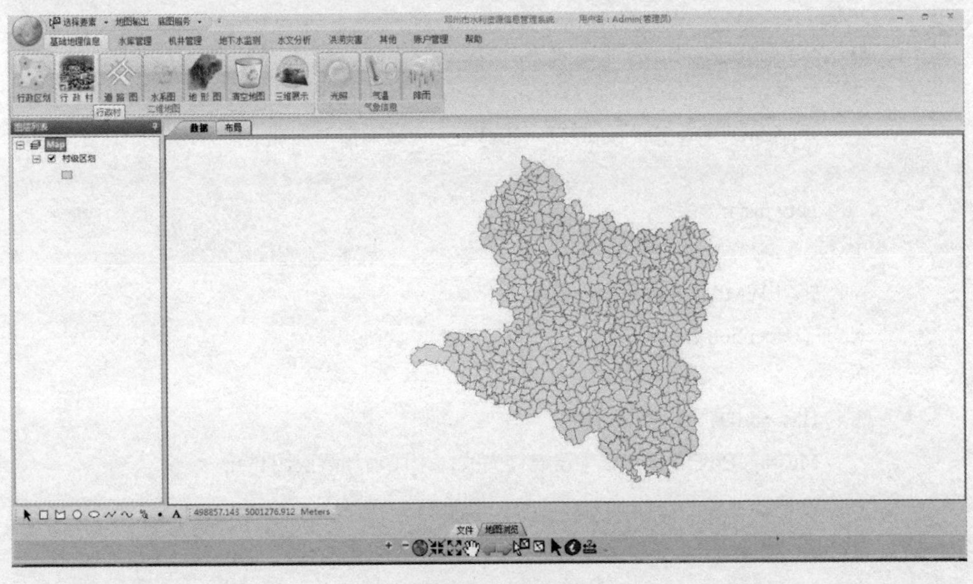

图 4.2 行政村

加载行政村的代码如下。

```
private void buttonItem6_Click(object sender, EventArgs e)
{
    Thread t = new Thread(new ThreadStart(ShowProgressBar));
    t.IsBackground = true;
    t.SetApartmentState(ApartmentState.STA);
```

```
        t.Start();
        CheckDT();
        //mainMapControl.ClearLayers();
        try
        {
            if (AddDT && Has_addDT == false)        //如果需要加载地图且还没有加载，就需
要加载
            getwms();
        }
        //增加 NEWMAP 的服务作为底图
        catch (Exception ex)
        {
            MessageBox.Show("服务器连接失败，未成功加载底图！");
        }
        finally
        {
            IFeatureLayer player1 = GeodatabaseAdmin.getshpfromGeo(path3, "村级区划");
            mainMapControl.AddLayer(player1);
            IMap pMap = this.mainMapControl.Map;
            this.m_controlsSynchronizer.ReplaceMap(pMap);
        }
        //t.Abort();
        try
        {
          t.Abort();
          while (t.ThreadState != ThreadState.Stopped && t.ThreadState != ThreadState.Aborted)
          {
              Thread.Sleep(100);
          }
        }
        catch { }
    }
```

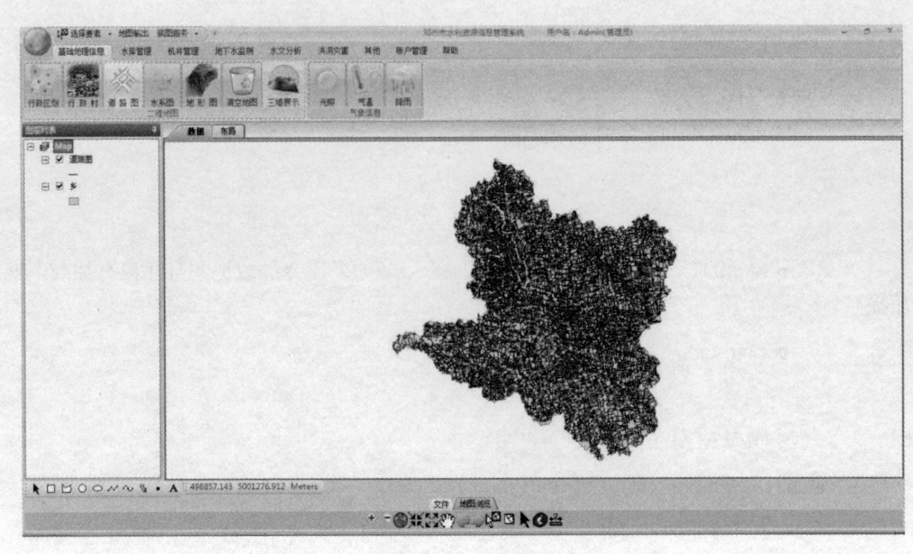

图 4.3　道路图

加载道路图的代码如下。

```
private void buttonItem19_Click_1(object sender, EventArgs e)
{
    AddRoute();
}
```

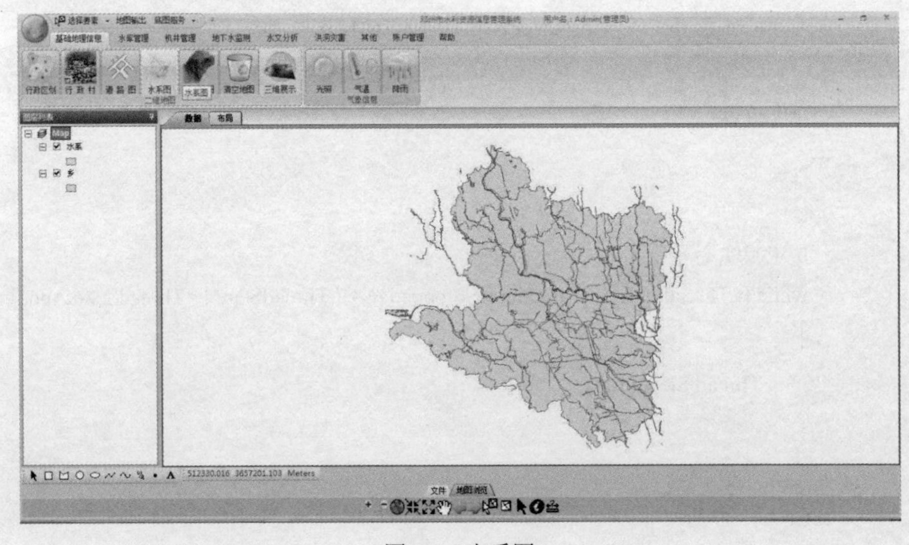

图 4.4　水系图

加载水系图的代码如下。

```
private void river_Click(object sender, EventArgs e)
{
    Thread t = new Thread(new ThreadStart(ShowProgressBar));
    t.IsBackground = true;
    t.SetApartmentState(ApartmentState.STA);
    t.Start();
    CheckDT();
    try
    {
        if (AddDT && Has_addDT == false)      //如果需要加载地图且还没有加载，就需
要加载
        getwms();
    }
    //增加 NEWMAP 的服务作为底图
    catch (Exception ex)
    {
        Has_addDT = false;
        MessageBox.Show("服务器连接失败，未成功加载底图！");
    }
    finally
    {
        IFeatureLayer player1 = GeodatabaseAdmin.getshpfromGeo(path3, "乡");
        IFeatureLayer player2 = GeodatabaseAdmin.getshpfromGeo(path3, "水系");
        IMap pMap = this.mainMapControl.Map;
        pMap.AddLayer(player1);
        pMap.AddLayer(player2);
        this.m_controlsSynchronizer.ReplaceMap(pMap);
        //t.Abort();
        try
```

```
            {
                t.Abort();
                while (t.ThreadState != ThreadState.Stopped && t.ThreadState !=
ThreadState.Aborted)
                {
                    Thread.Sleep(100);
                }
            }
            catch { }
        }
    }
```

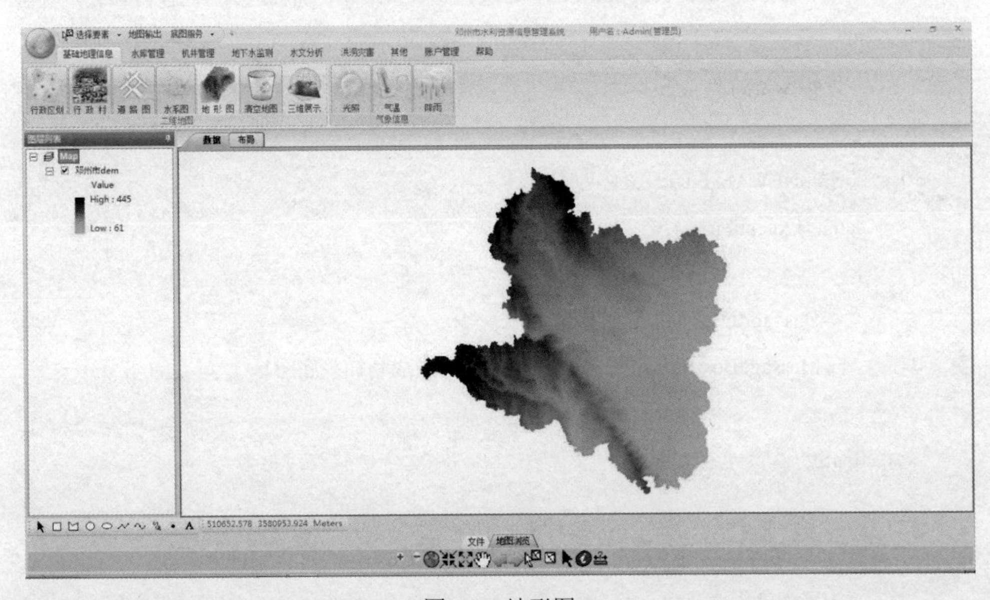

图 4.5　地形图

加载地形图的代码如下。

```
private void demmap_Click(object sender, EventArgs e)
{
    Thread t = new Thread(new ThreadStart(ShowProgressBar));
    t.IsBackground = true;
```

```
            t.SetApartmentState(ApartmentState.STA);
            t.Start ();
            IRgbColor frocolor=new RgbColorClass();
            frocolor.Red =255;
            frocolor .Green =100;
            frocolor .Blue =100;
            IRgbColor tocolor =new RgbColorClass ();
            tocolor .RGB =0x00FFFF;
            CheckDT();
            mainMapControl.ClearLayers();
            try
            {
                if (AddDT && Has_addDT == false)        //如果需要加载地图且还没有加载，就需
要加载
                getwms();
            }
            //增加 NEWMAP 的服务作为底图
            catch (Exception ex)
            {
                Has_addDT = false;
                MessageBox.Show("服务器连接失败，未成功加载底图！");
            }
            finally
            {
                GeodatabaseAdmin.addrasterlayer(path1, "某市 dem", mainMapControl);
                (mainMapControl.get_Layer(0) as IRasterLayer).Renderer =
StretchRenderer((mainMapControl.get_Layer(0) as IRasterLayer).Raster);
                IMap pMap = this.mainMapControl.Map;
                this.m_controlsSynchronizer.ReplaceMap(pMap);
                //t.Abort();
                try
                {
```

```
                t.Abort();
                while (t.ThreadState != ThreadState.Stopped && t.ThreadState !=
ThreadState.Aborted)
                {
                    Thread.Sleep(100);
                }
            }
            catch { }
        }
    }
```

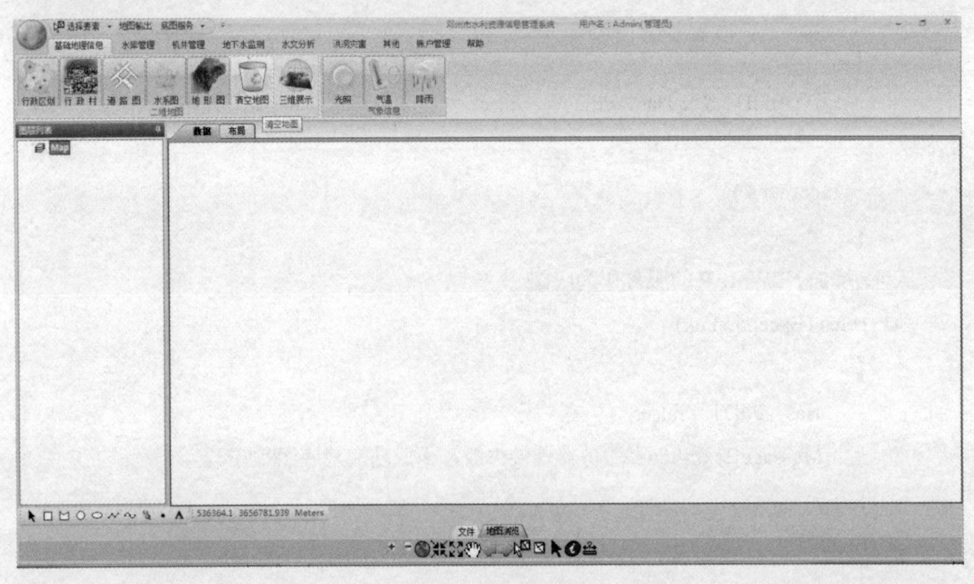

图 4.6　清空地图

清空地图的代码如下。

```
private void ClearALL_Click(object sender, EventArgs e)
{
    Thread t = new Thread(new ThreadStart(ShowProgressBar));
    t.IsBackground = true;
    t.SetApartmentState(ApartmentState.STA);
    t.Start();
```

```
        mainMapControl.ClearLayers();
        IMap pMap = this.mainMapControl.Map;
        this.m_controlsSynchronizer.ReplaceMap(pMap);
        t.Abort();
    }
```

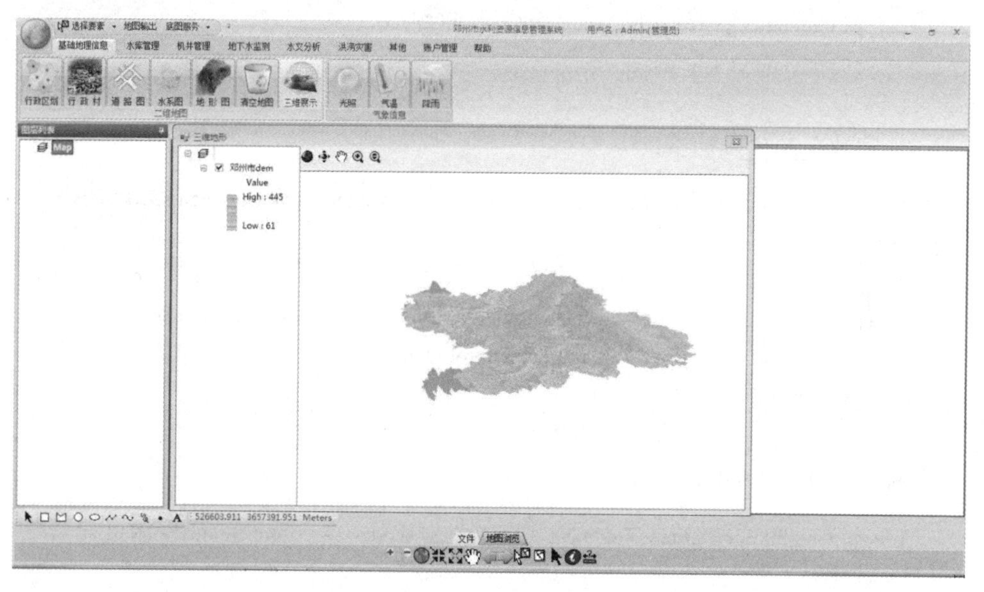

图 4.7 三维展示

三维展示的代码如下。

```
private void buttonItem12_Click_1(object sender, EventArgs e)
{
    mainMapControl.ClearLayers();
    DEM3D();        //在 sencecontrol 中展示 DEM
}
```

地图的全视图、放大、缩小、移动、漫游等基本操作按钮如图 4.8 所示。

图 4.8 基本操作按钮

地图全视图的代码如下。

```
private void bubbleBtnFullExtent_Click(object sender, DevComponents.DotNetBar.
ClickEventArgs e)
{
    ICommand pCommand = new ControlsMapFullExtentCommandClass();
    pCommand.OnCreate(this.mainMapControl.Object);
    pCommand.OnClick();
}
```

地图放大的代码如下。

```
private void bubbleBtnMapFixedZoomIn_Click(object sender, DevComponents.DotNetBar.
ClickEventArgs e)
{
    ICommand pCommand = new ControlsMapZoomInFixedCommandClass();
    pCommand.OnCreate(this.mainMapControl.Object);
    pCommand.OnClick();
}
```

地图缩小的代码如下。

```
private void bubbleBtnFixedZoomOut_Click(object sender, DevComponents.DotNetBar.
ClickEventArgs e)
{
    ICommand pCommand = new ControlsMapZoomOutFixedCommandClass();
    pCommand.OnCreate(this.mainMapControl.Object);
    pCommand.OnClick();
}
```

地图移动的代码如下。

```
private void bubbleBtnPan_Click(object sender, DevComponents.DotNetBar.ClickEventArgs e)
{
    ButtonChk(bubbleBtnPan);
    mmEvents = new MouseEvents { mapControl = this.mainMapControl};
    mmEvent = mmEvents.mouseEvent;

    ICommand pCommand = new ControlsMapPanToolClass();
    ITool pTool = pCommand as ITool;
    switch (this.tabControl.SelectedTabIndex)
```

```
    {
        case 0:
            pCommand.OnCreate(this.mainMapControl.Object);
            this.mainMapControl.CurrentTool = pTool;
            break;
        case 1:
            pCommand.OnCreate(this.axPageLayoutControl.Object);
            this.axPageLayoutControl.CurrentTool = pTool;
            break;
    }
}
```

4.1.2 气象信息

气象信息包含气象条件的三大主要因素，分别是光照时间（图 4.9）、气温（图 4.10）和降水（图 4.11），可对气象表中的数据进行查询、修正、高亮选中、高低序排列以及导入 Excel 以及将数据结果打印输出等，为相关人员提供决策支持。

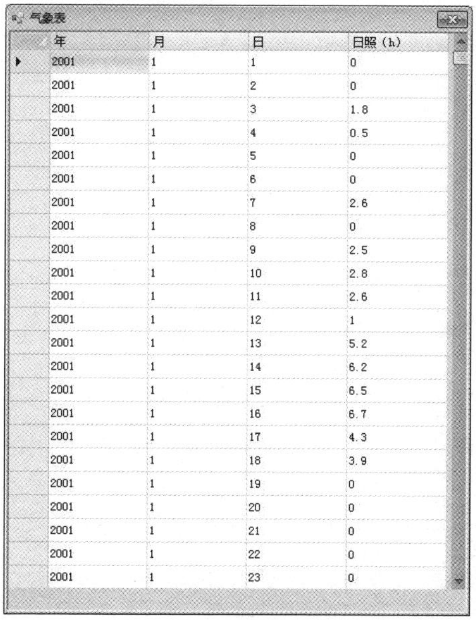

气象表

年	月	日	日照（h）
2001	1	1	0
2001	1	2	0
2001	1	3	1.8
2001	1	4	0.5
2001	1	5	0
2001	1	6	0
2001	1	7	2.6
2001	1	8	0
2001	1	9	2.5
2001	1	10	2.8
2001	1	11	2.6
2001	1	12	1
2001	1	13	5.2
2001	1	14	6.2
2001	1	15	6.5
2001	1	16	6.7
2001	1	17	4.3
2001	1	18	3.9
2001	1	19	0
2001	1	20	0
2001	1	21	0
2001	1	22	0
2001	1	23	0

图 4.9　光照时间

查询光照时间的代码如下。

```
private void SunLight_Click(object sender, EventArgs e)
{
    Thread t = new Thread(new ThreadStart(ShowProgressBar));
    t.IsBackground = true;
    t.SetApartmentState(ApartmentState.STA);
    t.Start();
    string name = "日照(h)";
    //t.Abort();
    气象表  qi = new  气象表(name);
    AnimateWindow(qi.Handle, 1000, AW_ACTIVATE + AW_HOR_POSITIVE +
AW_VER_POSITIVE + AW_SLIDE);
    qi.Show();
}
```

气象表

年	月	日	气温（℃）
2001	1	1	4.6
2001	1	2	4.7
2001	1	3	4.4
2001	1	4	2.1
2001	1	5	2.5
2001	1	6	0.9
2001	1	7	1.6
2001	1	8	0.6
2001	1	9	1.4
2001	1	10	0.2
2001	1	11	1.4
2001	1	12	0.1
2001	1	13	1.9
2001	1	14	1.5
2001	1	15	1.2
2001	1	16	0.6
2001	1	17	2.1
2001	1	18	5.2
2001	1	19	3
2001	1	20	4.3
2001	1	21	2.2
2001	1	22	0.6
2001	1	23	1.4

图 4.10　气温

气象表

年	月	日	降水（mm）
2001	1	1	0
2001	1	2	0
2001	1	3	0
2001	1	4	0
2001	1	5	1.7
2001	1	6	7.1
2001	1	7	0
2001	1	8	10.5
2001	1	9	0.1
2001	1	10	0
2001	1	11	0
2001	1	12	0
2001	1	13	0
2001	1	14	0
2001	1	15	0
2001	1	16	0
2001	1	17	0
2001	1	18	0
2001	1	19	0.4
2001	1	20	0
2001	1	21	0
2001	1	22	0.2
2001	1	23	11.4

图 4.11　降水

4.2　水库管理模块

水库管理分为两大模块，包含水库基本信息管理和水库信息统计。

4.2.1　水库基本信息管理

水库管理实现水库地图的基本操作、加载矢量图（图 4.12）、查询水库信息（图 4.13）、修改水库信息（图 4.14）。

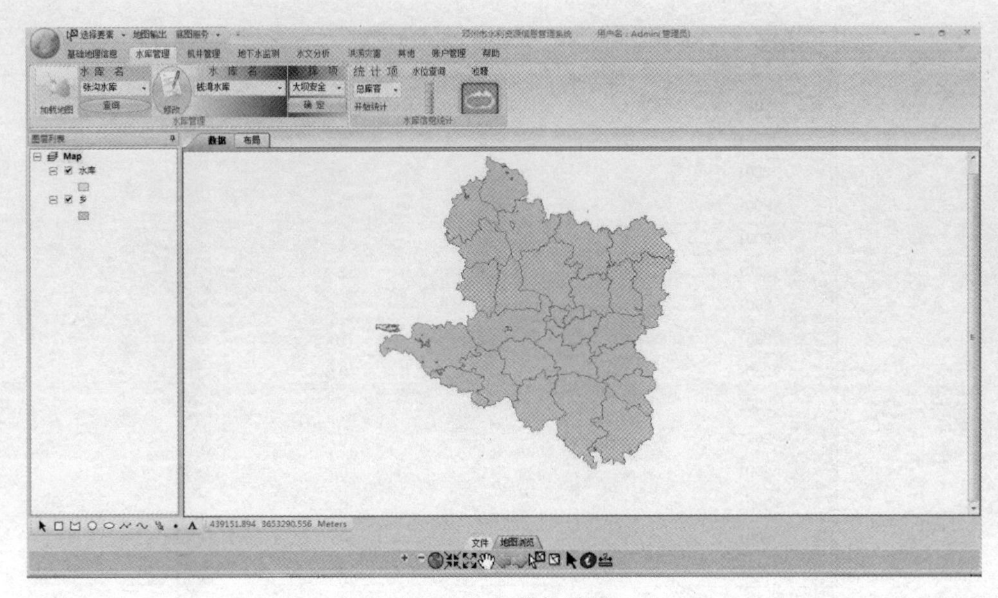

图 4.12　加载矢量图

加载矢量图的代码如下。

```
private void 加载矢量图_Click(object sender, EventArgs e)
{
    Thread t = new Thread(new ThreadStart(ShowProgressBar));
    t.IsBackground = true;
    t.SetApartmentState(ApartmentState.STA);
    t.Start();
    CheckDT();
    try
    {
        if (AddDT && Has_addDT == false)        //如果需要加载地图且还没有加载，就需
要加载
            getwms();
    }
    //增加 NEWMAP 的服务作为底图
    catch (Exception ex)
```

```
        {
            Has_addDT = false;
            MessageBox.Show("服务器连接失败，未成功加载底图！");
        }
        finally
        {
            IFeatureLayer player1 = GeodatabaseAdmin.getshpfromGeo(path3, "乡");
            IFeatureLayer player2 = GeodatabaseAdmin.getshpfromGeo(path3, "水库");
            GeodatabaseAdmin.addshpfromGeo(path, "水库点", mainMapControl);
            mainMapControl.SpatialReference = (player1 as IGeoDataset).SpatialReference;
            IMap pMap = this.mainMapControl.Map;
            pMap.AddLayer(player1);
            pMap.AddLayer(player2);
            this.m_controlsSynchronizer.ReplaceMap(pMap);
            //t.Abort();
            try
            {
                t.Abort();
                while (t.ThreadState != ThreadState.Stopped && t.ThreadState !=
ThreadState.Aborted)
                {
                    Thread.Sleep(100);
                }
            }
            catch { }
        }
    }
```

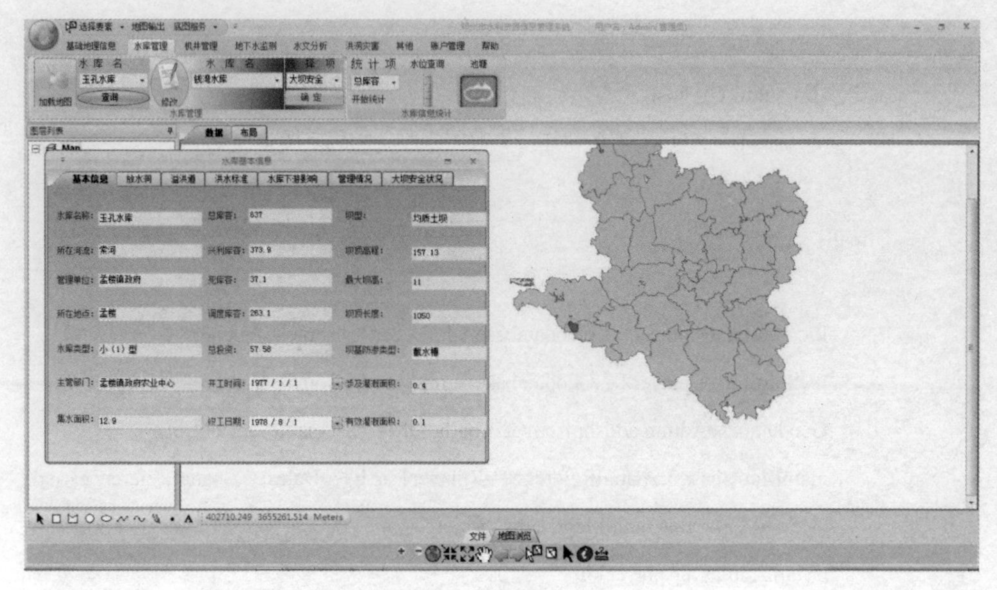

图 4.13 查询水库信息

查询水库信息的代码如下。

```
private void buttonItem5_Click(object sender, EventArgs e)
{
    string sname = comboBoxItem1.SelectedItem.ToString();
    if (sname != "丹江口水库")
        new 水库基本信息(sname).Show();
    else
        new 丹江口水库().Show();
}
private void comboBoxItem1_SelectedIndexChanged(object sender, EventArgs e)
{
    if (comboBoxItem1.SelectedIndex != -1)
    {
        buttonItem5.Enabled = true;
        string name = comboBoxItem1.SelectedItem.ToString();
        IQueryFilter pQueryFilter = new QueryFilterClass();
```

```
            IFeatureLayer pfeaturelayer1;

            if (name == "刘山水库" || name == "玉孔水库" || name == "张岗水库")
            {
            pfeaturelayer1 = GetLayerByName(mainMapControl.Map, "水库") as IFeatureLayer;
            }
            else
            {
            pfeaturelayer1 = GetLayerByName(mainMapControl.Map, "水库点") as IFeatureLayer;
            }
            if (pfeaturelayer1 == null)
            {
                MessageBox.Show("请加载矢量图");
                return;
            }
            pQueryFilter.WhereClause = "名称  ='" + name+"'" ;
            MyFlashShape(pQueryFilter, mainMapControl, pfeaturelayer1 );
        }
        else
            buttonItem5.Enabled = false;
}
private void buttonItem6_Click(object sender, EventArgs e)
{
        Thread t = new Thread(new ThreadStart(ShowProgressBar));
        t.IsBackground = true;
        t.SetApartmentState(ApartmentState.STA);
        t.Start();
        CheckDT();
        mainMapControl.ClearLayers();
```

```
        try
        {
            if (AddDT && Has_addDT == false)        //如果需要加载地图且还没有加载，就需
要加载
            getwms();
        }
        //增加 NEWMAP 的服务作为底图
        catch (Exception ex)
        {
            MessageBox.Show("服务器连接失败，未成功加载底图！");
        }
        finally
        {
        IFeatureLayer player1 = GeodatabaseAdmin.getshpfromGeo(path3, "村级区划");
        mainMapControl.AddLayer(player1);
        IMap pMap = this.mainMapControl.Map;
        this.m_controlsSynchronizer.ReplaceMap(pMap);
        }
        //t.Abort();
        try
        {
            t.Abort();
            while (t.ThreadState != ThreadState.Stopped && t.ThreadState != ThreadState.Aborted)
            {
                Thread.Sleep(100);
            }
        }
        catch { }
    }
```

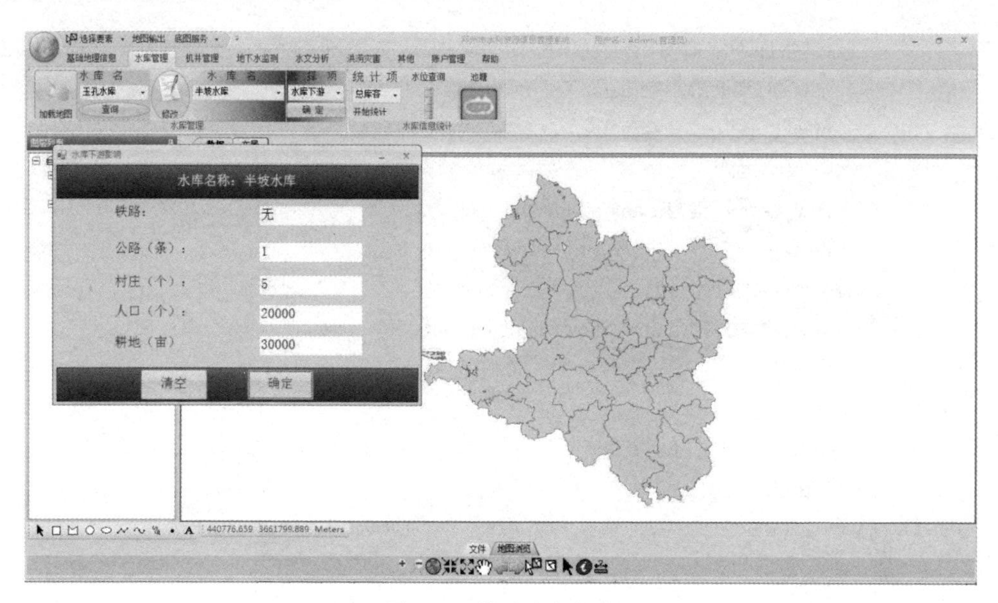

图 4.14　修改水库信息

修改水库信息的代码如下。

```
private void buttonItem15_Click(object sender, EventArgs e)
{
    string name = comboBoxItem2.SelectedItem.ToString();
    string tablename = comboBoxItem3.SelectedItem.ToString();
    switch (tablename)
    {
      case "水库基本信息":
        new 基本信息(name ).ShowDialog ();
        break;
      case "大坝安全状况":
        new 大坝安全状况(name).ShowDialog();
        break;
      case "放水洞信息":
        new 放水洞信息(name).ShowDialog();
        break;
      case "管理情况":
        new 管理情况(name).ShowDialog();
        break;
```

```
            case "水库下游影响":
                new 水库下游影响(name ).ShowDialog ();
                break;
            case "溢洪道":
                new 溢洪道信息(name).ShowDialog();
                break;
            case "洪水标准":
                new 洪水标准(name).ShowDialog ();
                break;
            default :
                //MessageBox.Show("")
                break;
        }
    }
```

4.2.2 水库信息统计

水库信息统计功能实现水库信息统计（图 4.15）、表格展示（图 4.16）、图表展示（图 4.17）、水库水位查询（图 4.18）、池塘信息查询（图 4.19）。

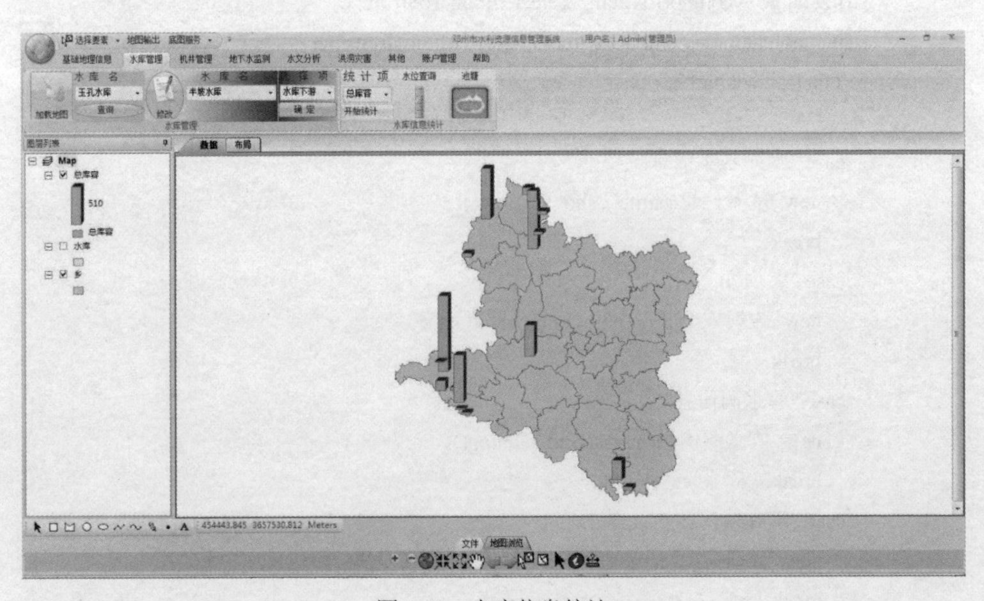

图 4.15 水库信息统计

水库信息统计的代码如下。

```
private void buttonItem24_Click_1(object sender, EventArgs e)
{
    if (comboBoxItem10.SelectedIndex == -1)
      return;
    string field = comboBoxItem10.SelectedItem.ToString();
    string sql = "select 水库名称," + field + " from 水库基本信息";
    DataTable dt = GeodatabaseAdmin.selectinfomation("Data\\信息.mdb", sql);
    统计信息 tjxx = 统计信息.CreateInstance(dt, "各水库" + field + "统计信息");
    //dt为一个具有两列的表，第一列为水库名称，第二列为响应统计项的大小，
    //下面要在地图上渲染响应的统计项，由于现在知道水库名称和地理位置，
    //因此首先在内存中创建图层，并增加一个字段为统计项，
    //然后以柱状图的形式渲染地形图
    tjxx.Owner = this;
    tjxx.Show();
    Thread thread = new Thread(new ThreadStart(ShowProgressBar));
    thread.IsBackground = true;
    thread.SetApartmentState(ApartmentState.STA);
    thread.Start();
    IEnumLayer pEnumLayer = mainMapControl.Map.get_Layers(null, false);
    if (pEnumLayer == null) return;
    ILayer pLayer;
    pEnumLayer.Reset();
    for (pLayer = pEnumLayer.Next(); pLayer != null; pLayer = pEnumLayer.Next())
    {
      pLayer.Visible = false;
    }
    GeodatabaseAdmin.AddTjFeatureLayerByMemoryWS(mainMapControl,
mainMapControl.SpatialReference, field , dt);
```

```
            String[] s = new String[1] { field };
          GeodatabaseAdmin.BarRender(mainMapControl, mainMapControl.get_Layer(0) as
IFeatureLayer, s);
            mainMapControl.Map.get_Layer(mainMapControl.Map.LayerCount - 1).Visible = true;
            axTOCControl.Update();
            //thread.Abort();
            try
            {
              thread.Abort();
              while (thread.ThreadState != ThreadState.Stopped && thread.ThreadState !=
ThreadState.Aborted)
              {
                Thread.Sleep(100);
              }
            }
            catch { }
      }
```

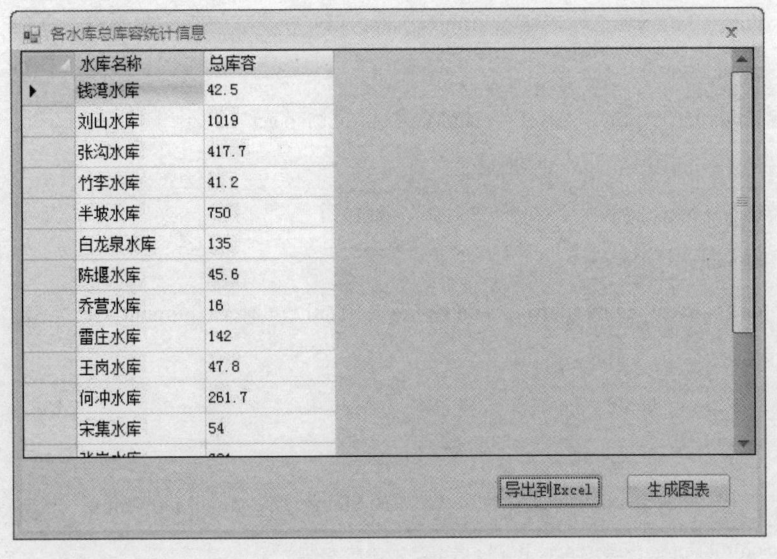

图 4.16　表格展示

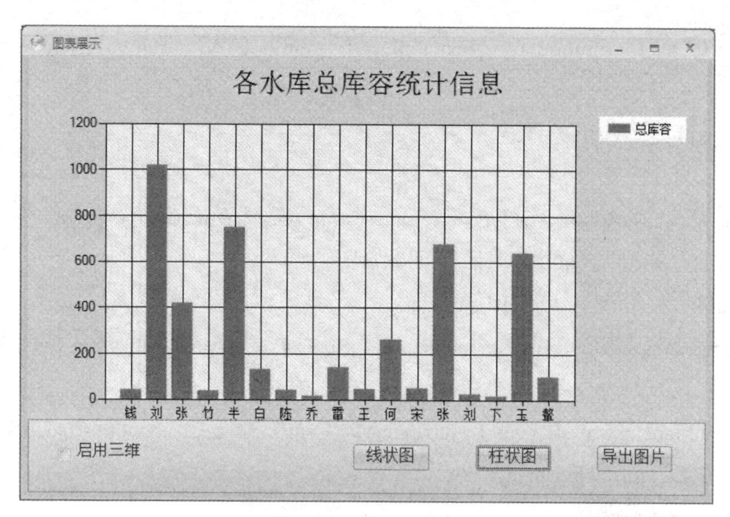

图 4.17　图表展示

表格展示和图表展示的代码如下。

```
private void buttonItem24_Click_1(object sender, EventArgs e)
{
    if (comboBoxItem10.SelectedIndex == -1)
        return;
    string field = comboBoxItem10.SelectedItem.ToString();
    string sql = "select 水库名称," + field + " from 水库基本信息";
    DataTable dt = GeodatabaseAdmin.selectinfomation("Data\\信息.mdb", sql);
    统计信息 tjxx = 统计信息.CreateInstance(dt, "各水库" + field + "统计信息");
    //以柱状图的形式渲染地形图
    tjxx.Owner = this;
    tjxx.Show();
    Thread thread = new Thread(new ThreadStart(ShowProgressBar));
    thread.IsBackground = true;
    thread.SetApartmentState(ApartmentState.STA);
    thread.Start();
    IEnumLayer pEnumLayer = mainMapControl.Map.get_Layers(null, false);
    if (pEnumLayer == null) return;
    ILayer pLayer;
    pEnumLayer.Reset();
```

```
    for (pLayer = pEnumLayer.Next(); pLayer != null; pLayer = pEnumLayer.Next())
    {
        pLayer.Visible = false;
    }
    GeodatabaseAdmin.AddTjFeatureLayerByMemoryWS(mainMapControl,
mainMapControl.SpatialReference, field , dt);
    String[] s = new String[1] { field };
    GeodatabaseAdmin.BarRender(mainMapControl, mainMapControl.get_Layer(0) as
IFeatureLayer, s);
    mainMapControl.Map.get_Layer(mainMapControl.Map.LayerCount - 1).Visible = true;
    axTOCControl.Update();
    //thread.Abort();
    try
    {
        thread.Abort();
        while (thread.ThreadState != ThreadState.Stopped && thread.ThreadState !=
ThreadState.Aborted)
        {
            Thread.Sleep(100);
        }
    }
    catch { }
}
```

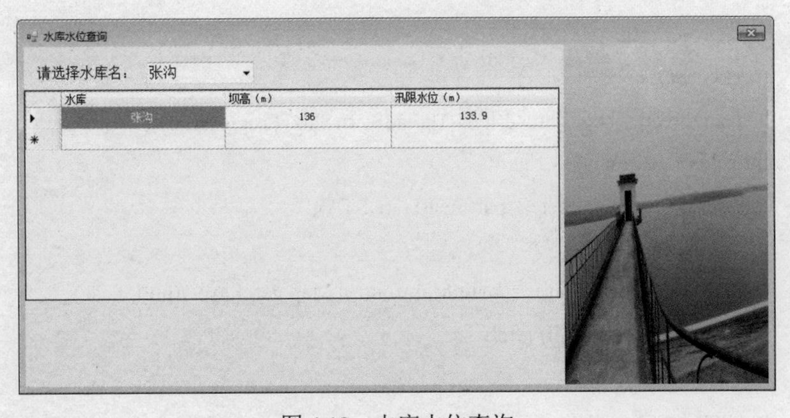

图 4.18　水库水位查询

水库水位查询的代码如下。

```
private void l_Click(object sender, EventArgs e)
{
    if (s == null)
    {
        s = new 水库水位查询(this ;
        s.Owner = this;
    }
    s.Show();
}
```

图 4.19 池塘信息查询

池塘信息查询的代码如下。

```
private void buttonItem3_Click(object sender, EventArgs e)
{
    new 池塘信息().ShowDialog();
}
```

4.3 机井管理模块

机井管理模块包含机井信息管理和增加灌溉井两个子模块，分别包含六个按钮和两个按钮。

4.3.1 机井信息管理

机井管理包括加载灌溉井（图 4.20）、空间查询（图 4.21）、点击查询（图 4.22）、灌溉分析（图 4.23）和单个机井信息查询（图 4.24）。

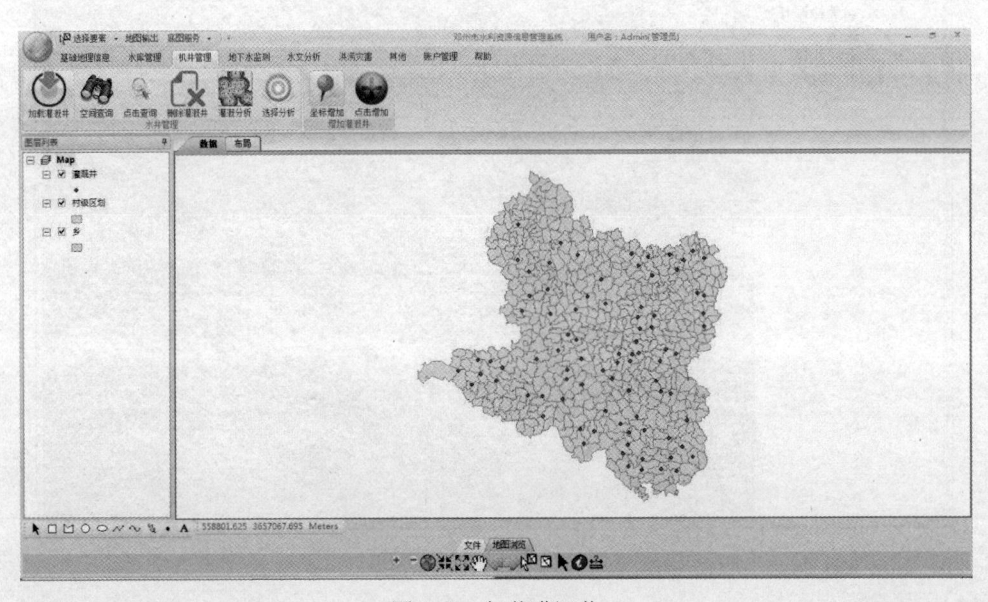

图 4.20　加载灌溉井

加载灌溉井的代码如下。

```
private void buttonItem33_Click(object sender, EventArgs e)
{
    //mainMapControl.ClearLayers();
```

```
        Thread t = new Thread(new ThreadStart(ShowProgressBar));
        t.IsBackground = true;
        t.SetApartmentState(ApartmentState.STA);
        t.Start();
        CheckDT();

        try
        {
            if (AddDT && Has_addDT == false)      //如果需要加载地图且还没有加载，就需
要加载
            getwms();
        }
        //增加 NEWMAP 的服务作为底图
        catch (Exception ex)
        {
            Has_addDT = false;
            MessageBox.Show("服务器连接失败，未成功加载底图！");
        }
        finally
        {
            IFeatureLayer player1 = GeodatabaseAdmin.getshpfromGeo(path1, "乡");
            IFeatureLayer player2 = GeodatabaseAdmin.getshpfromGeo(path1, "村级区划");
            IFeatureLayer player3 = GeodatabaseAdmin.getshpfromGeo(path1, "灌溉井");
            IMap pMap = this.mainMapControl.Map;
            mainMapControl.SpatialReference = (player1 as IGeoDataset).SpatialReference;
            pMap.AddLayer(player1);
            pMap.AddLayer(player2);
            pMap.AddLayer(player3);
            this.m_controlsSynchronizer.ReplaceMap(pMap);
            //t.Abort();
            try
```

```
            {
                t.Abort();
                while (t.ThreadState != ThreadState.Stopped && t.ThreadState !=
ThreadState.Aborted)
                {
                    Thread.Sleep(100);
                }
            }
            catch { }
        }
    }
```

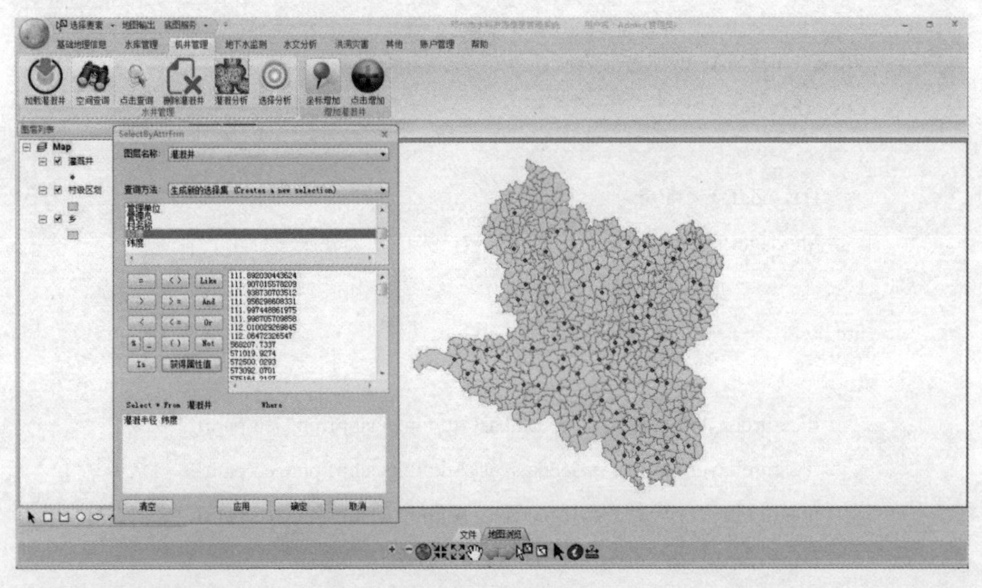

图 4.21　空间查询

空间查询的代码如下。

```
private void AttributeSearch(object sender, EventArgs e)
{
        IFeatureLayer featurelayer = GetLayerByName(mainMapControl.Map, "灌溉井") as
IFeatureLayer;
        if (featurelayer == null)
```

```
        {
            MessageBox.Show("请加载灌溉井");
            return;
        }
        SelectByAttrFrm seleFrm = new SelectByAttrFrm(this);
        seleFrm.Owner = this;
        seleFrm.Show();
    }
```

图 4.22 点击查询

点击查询的代码如下。

```
private void CLickToSearch_Click(object sender, EventArgs e)
{
    IGraphicsContainer gr = mainMapControl.Map as IGraphicsContainer;
    gr.DeleteAllElements();
    mainMapControl.Refresh();
    selbuffer = false;
    ClickAddWell = false;
    ShowWellinfo = true;
    mainMapControl.MousePointer = esriControlsMousePointer.esriPointerCrosshair;
}
```

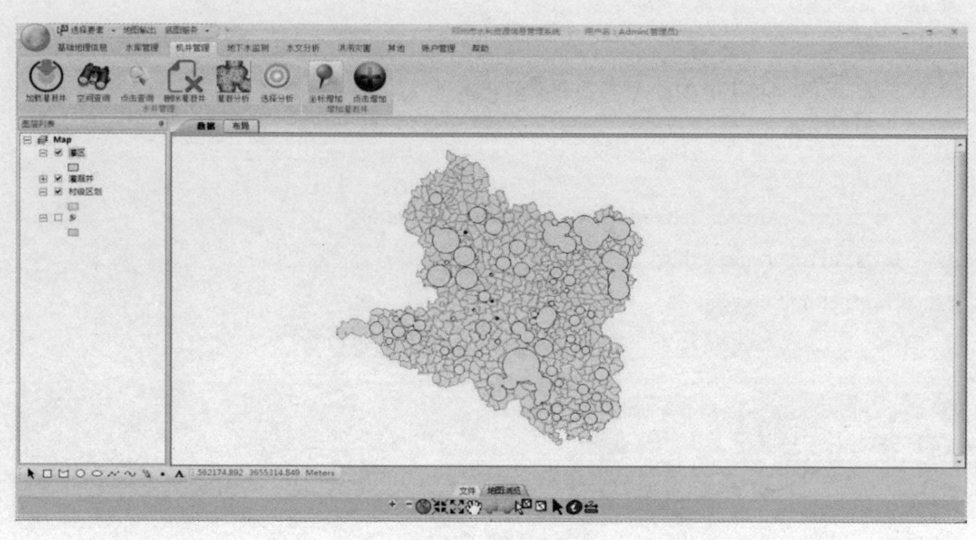

图 4.23　灌溉分析

灌溉分析的代码如下。

```
        private void Buffer_Click(object sender, EventArgs e)
        {
            if (GetLayerByName(mainMapControl.Map, "乡") ==
null || GetLayerByName(mainMapControl.Map, "村级区划") ==
null || GetLayerByName(mainMapControl.Map, "灌溉井") == null)
            {
                MessageBox.Show("请加载灌溉井");
                return;
            }
            IFeatureLayer pFeatLayer = GetLayerByName(mainMapControl.Map, "灌溉井") as
IFeatureLayer;
            try
            {
                SaveFileDialog savedialog = new SaveFileDialog() { Filter = "Word2007
 *.docx|*.docx" };
                if (savedialog.ShowDialog() != DialogResult.OK)
                {
                    return;
                }
```

```
            string strFileName = savedialog.FileName;
            灌溉距离.buffer(pFeatLayer.FeatureClass, null, mainMapControl.Map, "灌区");
            if (MessageBox.Show("是否生成分析报告", "提示", MessageBoxButtons.YesNo,
MessageBoxIcon.Question) == DialogResult.Yes)
            {
                SaveFileDialog savedialog = new SaveFileDialog() { Filter = "Word2003
(*.doc)|*.doc" };
                if (savedialog.ShowDialog() != DialogResult.OK)
                {
                    return;
                }
                string strFileName = savedialog.FileName;
                CreateWord(strFileName);
            }
        }
        catch (Exception ex)
        {
            MessageBox.Show(ex.Message);
        }
    }
```

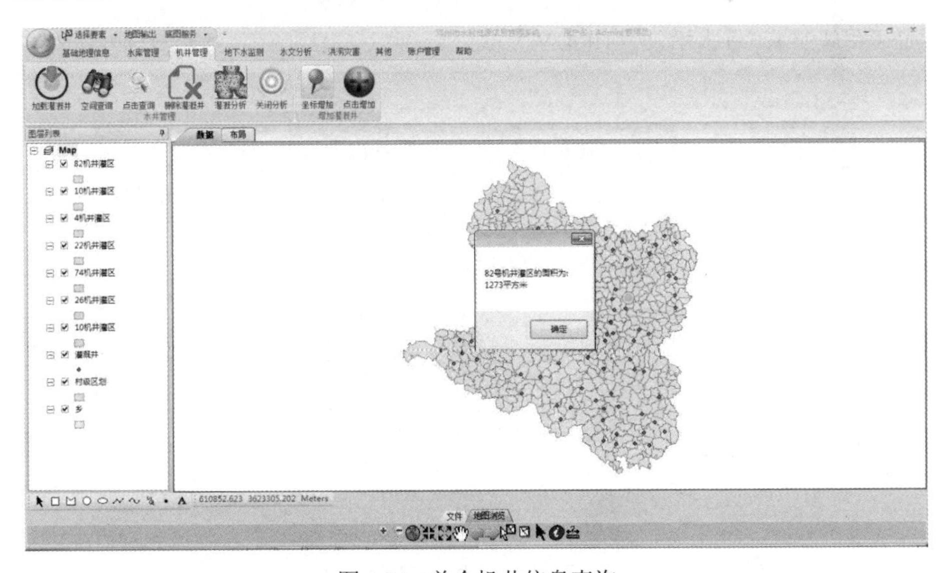

图 4.24 单个机井信息查询

单个机井信息查询的代码如下。

```
private void SingleBufferBtn_Click(object sender, EventArgs e)
{
    ShowWellinfo = false;
    ClickAddWell = false;
    if (selbuffer == true)
    {
        selbuffer = false;
        SingleBufferBtn.Text = "选择分析";
    }
    else
    {
        selbuffer = true;
        SingleBufferBtn.Text = "关闭分析";
    }
    mainMapControl.CurrentTool = null;
}
```

4.3.2 增加灌溉井

当需要增加新的机井时，可以使用增加灌溉井的功能。增加灌溉井包括坐标增加（图 4.25）、点击增加（图 4.26）。

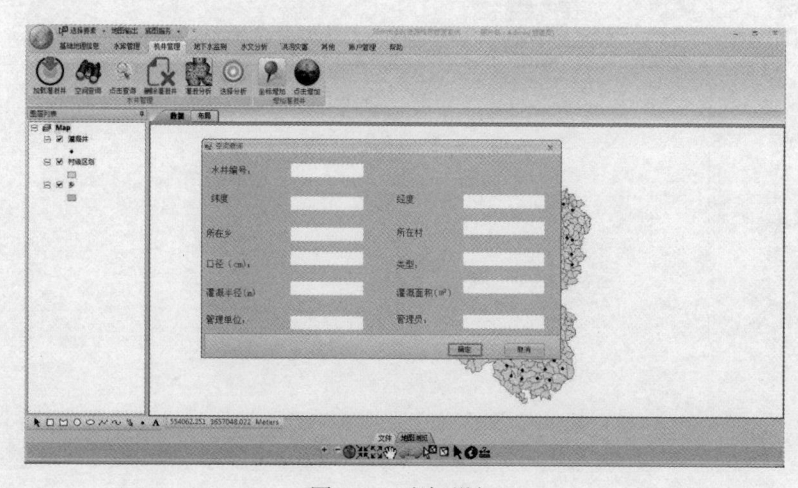

图 4.25　坐标增加

坐标增加的代码如下。

```
private void zbAdd_Click(object sender, EventArgs e)
{
    if (MainFrm.userrole == role.普通用户)
    {
        MessageBox.Show("您当前的权限为普通用户不具有修改权限\n 若一定要执行该操作请联系管理员");
        return;
    }
    ShowWellinfo = false;
    selbuffer = false;
    ClickAddWell = false;
    增加灌溉井 addWellFM= new 增加灌溉井(this, GetLayerByName(mainMapControl.Map, "灌溉井") as IFeatureLayer);
    addWellFM.ShowDialog();
}
```

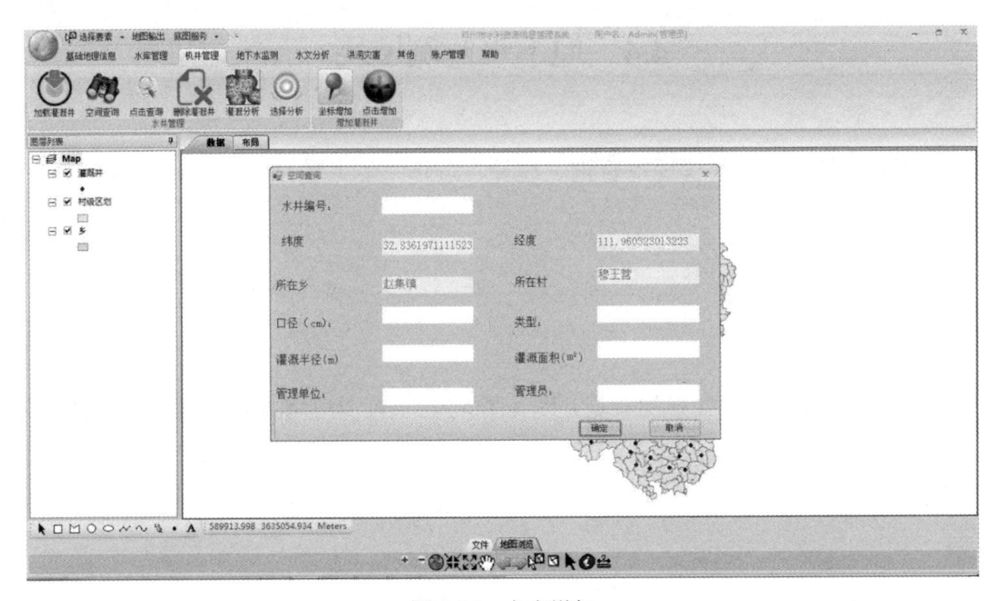

图 4.26　点击增加

点击增加的代码如下。

```
private void AddWellBymouse_Click(object sender, EventArgs e)
{
    if (MainFrm.userrole == role.普通用户)
    {
        MessageBox.Show("您当前的权限为普通用户不具有修改权限\n 若一定要执行该操作请联系管理员");
        return;
    }
    ShowWellinfo = false;
    mainMapControl.CurrentTool = null;
    mainMapControl.MousePointer = esriControlsMousePointer.esriPointerCrosshair;
    ClickAddWell = true;
}
```

4.4 地下水监测模块

地下水监测模块包含埋深查询、统计、分析、测井管理、埋深记录管理五个子模块。

4.4.1 埋深查询

埋深查询模块主要实现加载测井图（图 4.27）、查询与修改埋深信息（图 4.28），以便动态掌握测井的数据。

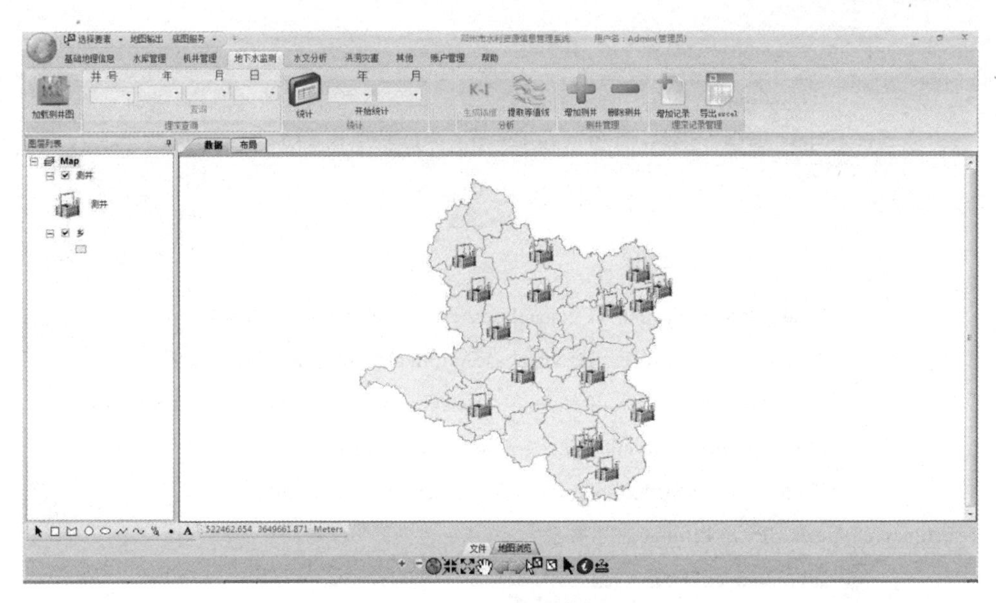

图 4.27　加载测井图

加载测井图的代码如下。

```
private void 加载测站_Click(object sender, EventArgs e)
{
    Thread t = new Thread(new ThreadStart(ShowProgressBar));
    t.IsBackground = true;
    t.SetApartmentState(ApartmentState.STA);
    t.Start();
    //mainMapControl.ClearLayers();
    CheckDT();
    try
    {
        if (AddDT && Has_addDT == false)    //如果需要加载地图且还没有加载，就需
要加载
        getwms();
    }
    //增加 NEWMAP 的服务作为底图
    catch (Exception ex)
```

```
        {
            Has_addDT = false;
            MessageBox.Show("服务器连接失败，未成功加载底图！ ");
        }
        finally
        {
            IFeatureLayer player1 = GeodatabaseAdmin.getshpfromGeo(path1, "乡");
            IFeatureLayer player2 = GeodatabaseAdmin.getshpfromGeo(path1, "测井");
            mainMapControl.SpatialReference = (player1 as IGeoDataset).SpatialReference;
            ISimpleRenderer simplerender = new SimpleRendererClass();
            IPictureMarkerSymbol picsym = CreatePictureMarkerSymbol
(esriIPictureType.esriIPictureBitmap, "水井 2.bmp", 40);
            simplerender.Label = "测井";
            simplerender.Symbol = picsym as ISymbol;
            simplerender.Description = "简单渲染";
            List<int> list = new List<int>();
            //获取唯一值，不需遍历整个 FeatureClass 或 Table
            comboBoxItem4.Items.Clear();
            comboBoxItem4.Items.AddRange(GeodatabaseAdmin.GetUniqueValue
    (player2.FeatureClass, "井号"));
            (player2 as IGeoFeatureLayer).Renderer = simplerender as IFeatureRenderer;
            IMap pMap = this.mainMapControl.Map;
            pMap.AddLayer(player1);
            pMap.AddLayer(player2);
            this.m_controlsSynchronizer.ReplaceMap(pMap);
        }
        //t.Abort();
        try
        {
            t.Abort();
            while (t.ThreadState != ThreadState.Stopped && t.ThreadState !=
ThreadState.Aborted)
```

```
            {
                Thread.Sleep(100);
            }
        }
        catch { }
    }
```

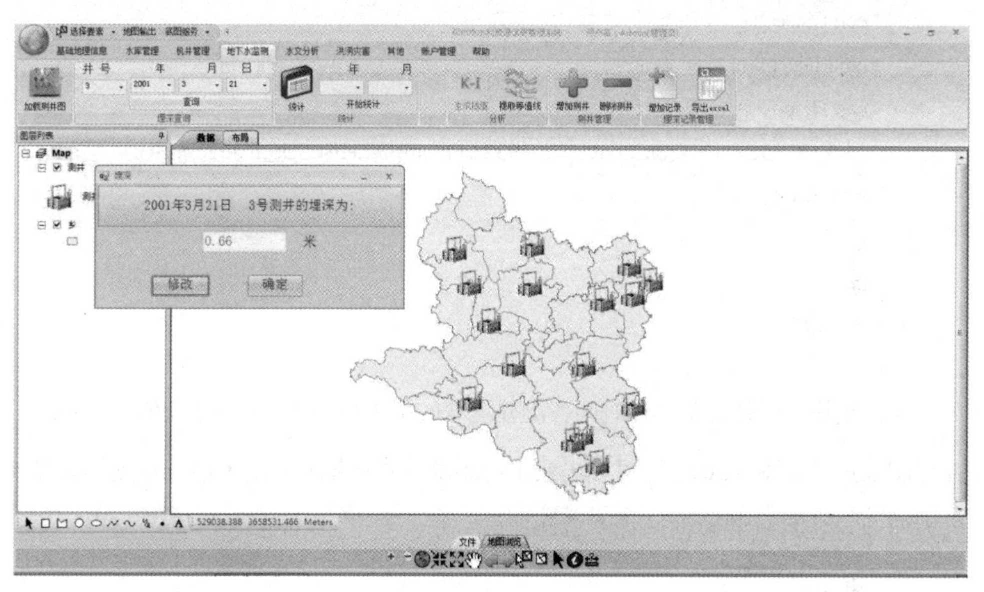

图 4.28 查询与修改埋深信息

查询埋深信息的代码如下。

```
    private void buttonItem17_Click(object sender, EventArgs e)
    {
        OleDbConnection con = new OleDbConnection(path2);
        con.Open();
        DateTime dt;
        listy.Clear();
        DateTime.TryParse(comboBoxItem7.SelectedItem.ToString() + "/" + comboBoxItem8.
SelectedItem.ToString() + "/" + comboBoxItem5.SelectedItem.ToString(), out dt);
        //dt.ToShortDateString();
        string sql = "select 埋深 from 埋深 where 井号="+comboBoxItem4.SelectedItem.
```

```
ToString()+" and  日期=#" + dt.ToShortDateString()+"#";
            OleDbCommand cmd = new OleDbCommand(sql, con);
            OleDbDataReader dr = cmd.ExecuteReader();
            dr.Read();
            double Ht;
            Ht= Convert .ToDouble ( dr[0]);
            con.Close();
            cmd.Dispose();
            con.Dispose();
            埋深  h = new  埋深(dt, Convert.ToInt32(comboBoxItem4.SelectedItem), Ht);
            h.Show();
        }
```

4.4.2 统计

统计模块可以统计某具体时间各测井埋深的最大值、最小值和平均值（图 4.29），并可图表展示（图 4.30），还可导出到 Excel 以及生成图片，便于进一步处理数据，以方便地对各月测井数据进行汇总和比较分析。

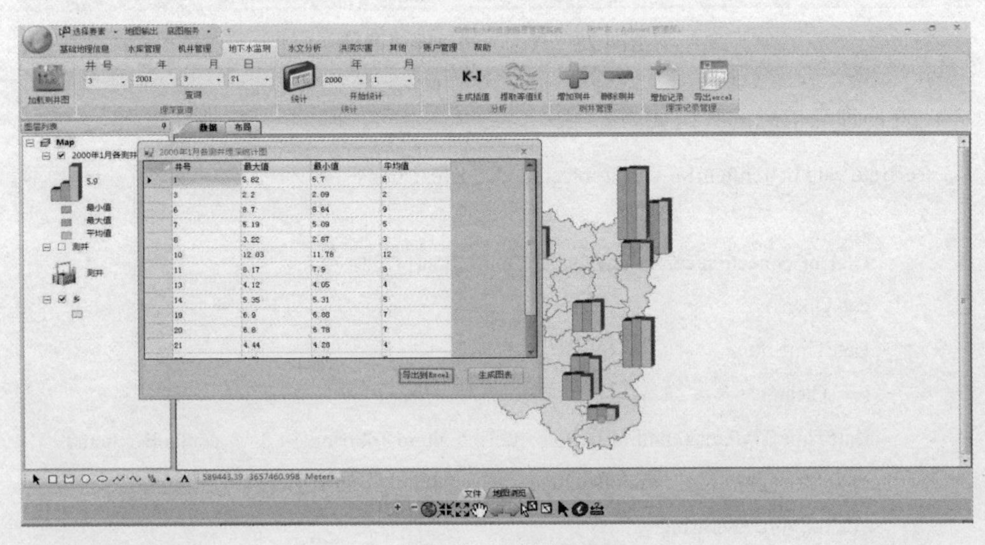

图 4.29 按月统计

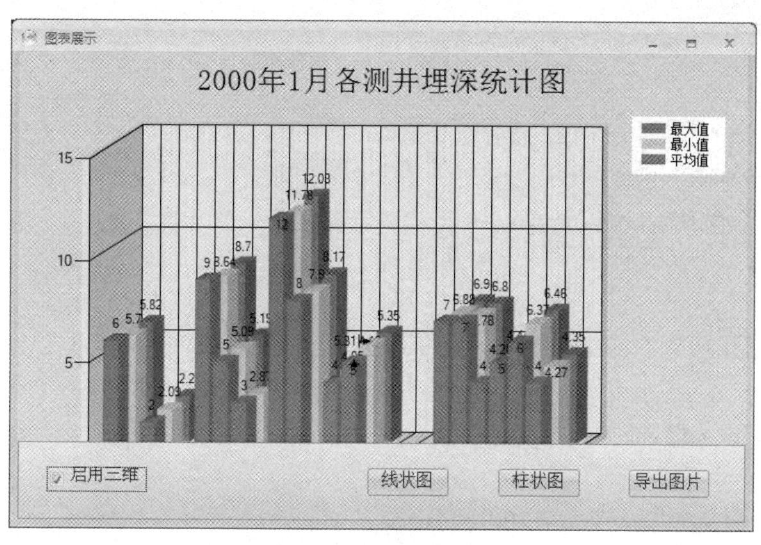

图 4.30 图表展示

按月统计的代码如下。

```
private void buttonItem18_Click(object sender, EventArgs e)
{
    IFeatureLayer layer = GetLayerByName(mainMapControl.Map, "测井") as IFeatureLayer;
    if (layer == null)
    {
        MessageBox.Show("请您先增加测井图");
        return;
    }
     comboBoxItem6.Items.Clear();
     OleDbConnection con = new OleDbConnection(path2);
     con.Open();
     DataTable datatable=new DataTable ();
     string sql = "SELECT distinct Year(日期) from 埋深";
     OleDbCommand cmd = new OleDbCommand(sql, con);
     OleDbDataReader dr = cmd.ExecuteReader();
     while (dr.Read())
     {
```

```
            comboBoxItem6.Items.Add(dr[0]);
        }
        con.Close();
        cmd.Dispose();
        con.Dispose();
    }

    private void buttonItem16_Click(object sender, EventArgs e)
    {
        AddFetureLayerByMemoryWS();
    }
    //增加在内存中创建的图层 到 Mapcontrol
    private void AddFetureLayerByMemoryWS()
    {
        IFeatureLayer layer = GetLayerByName(mainMapControl.Map, "测井") as IFeatureLayer;
        if (layer == null)
        {
            MessageBox.Show("请您先增加测井图");
            return;
        }

        if (comboBoxItem6.SelectedIndex == -1 || comboBoxItem9.SelectedIndex == -1)
        {
            MessageBox.Show("请点击统计按钮后选择日期");
            return;
        }
        OleDbConnection con = new OleDbConnection(path2);
        con.Open();
        DataTable datatable = new DataTable();
        string sql = "SELECT 井号,Max(埋深) as 最大值,min(埋深) as 最小值,
cint(avg(埋深)) as 平均值 from 埋深 where Year(日期)=" +
comboBoxItem6.SelectedItem.ToString() + " and Month(日期) = " +
```

```
comboBoxItem9.SelectedItem.ToString() + " Group by 井号";
            OleDbCommand cmd = new OleDbCommand(sql, con);
            OleDbDataReader dr = cmd.ExecuteReader();
            datatable.Load(dr);
            统计信息 t= 统计信息.CreateInstance(datatable, comboBoxItem6.SelectedItem.
ToString() + "年" + comboBoxItem9.SelectedItem.ToString() + "月各测井埋深统计图");
            t.Owner = this;
            t.Show();
            Thread thread = new Thread(new ThreadStart(ShowProgressBar));
            thread.IsBackground = true;
            thread.SetApartmentState(ApartmentState.STA);
            thread.Start();
            IEnumLayer pEnumLayer = mainMapControl.Map.get_Layers(null, false);
            if (pEnumLayer == null) return;
            ILayer pLayer;
            pEnumLayer.Reset();
            for (pLayer = pEnumLayer.Next(); pLayer != null; pLayer = pEnumLayer.Next())
            {
                pLayer.Visible = false;
            }
            GeodatabaseAdmin.AddFeatureLayerByMemoryWS(mainMapControl,
mainMapControl.SpatialReference, comboBoxItem6.SelectedItem.ToString() + "年" +
comboBoxItem9.SelectedItem.ToString() + "月各测井埋深", datatable);
            String[] s = new String[3] { "最小值", "最大值", "平均值" };
            GeodatabaseAdmin.BarRender(mainMapControl, mainMapControl.get_Layer(0) as
IFeatureLayer, s);
            mainMapControl.Map.get_Layer(mainMapControl.Map.LayerCount - 1).Visible = true;
            axTOCControl.Update();
            //thread.Abort();
            try
            {
                thread.Abort();
```

```
            while (thread.ThreadState != ThreadState.Stopped && thread.ThreadState !=
ThreadState.Aborted)
            {
                Thread.Sleep(100);
            }
        }
        catch { }
        con.Close();
        cmd.Dispose();
        con.Dispose();
        datatable.Dispose();
        buttonItem20.Enabled = true;
    }
```

4.4.3 分析

分析模块可以生成插值（图 4.31）、提取等值线（图 4.32），采用内插法进行内插，以确定每个点的内插埋深。

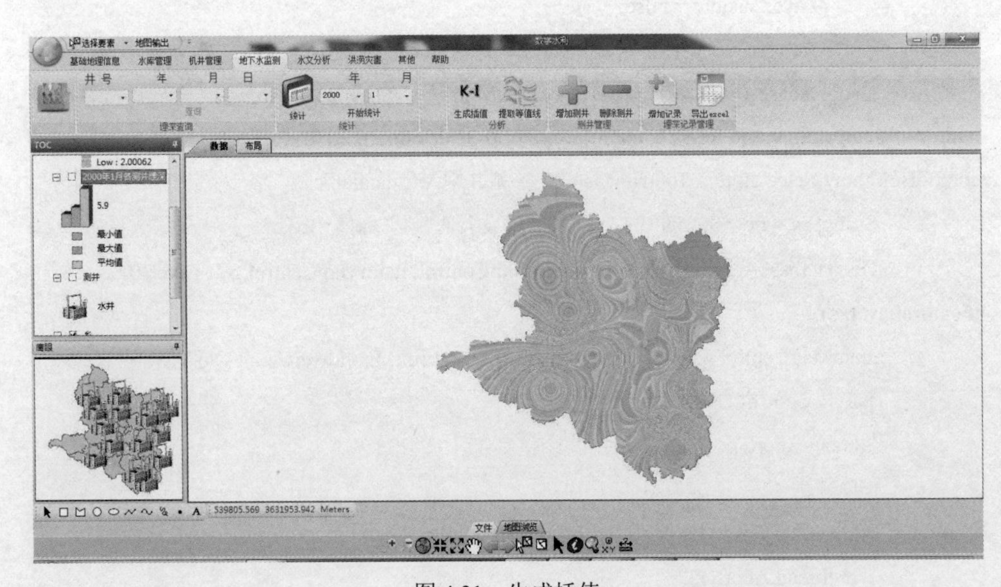

图 4.31 生成插值

生成插值的代码如下。

```
private void buttonItem20_Click(object sender, EventArgs e)
{
    IDW();
}
```

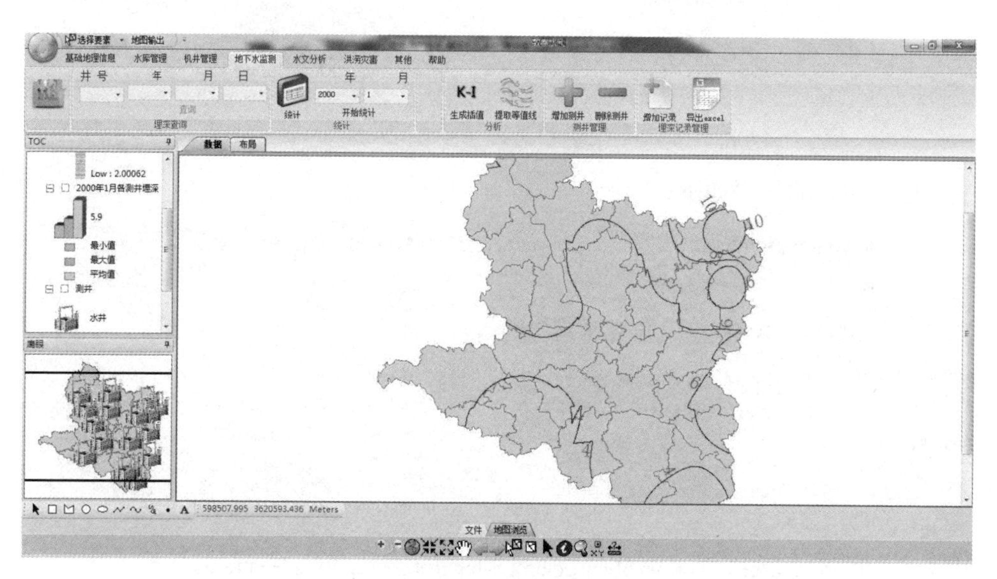

图 4.32　提取等值线

提取等值线的代码如下。

```
private void buttonItem37_Click(object sender, EventArgs e)
{
    new FrmContour(mainMapControl).Show();
}
```

4.4.4　测井管理

测井管理模块包含增加测井（图 4.33）和删除测井（图 4.34）。

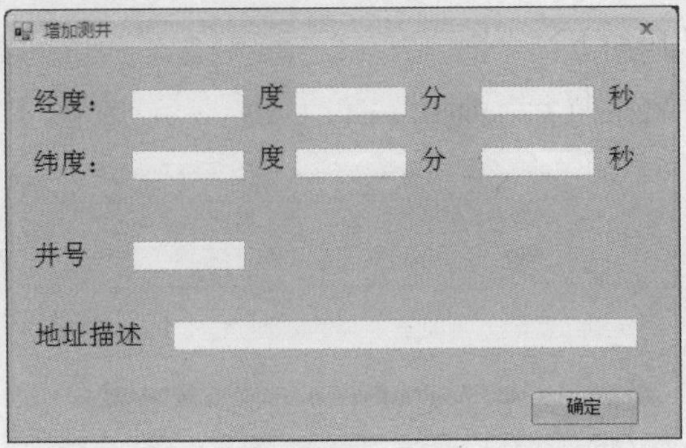

图 4.33 增加测井

增加测井的代码如下。

```
private void buttonItem21_Click(object sender, EventArgs e)
{
    if (MainFrm.userrole == role.普通用户)
    {
        MessageBox.Show("您当前的权限为普通用户\n 若一定要执行该操作请联系管理员");
        return;
    }
    IFeatureLayer layer =mainMapControl .Map .get_Layer(0) as IFeatureLayer;
    if (layer == null)
    {
        MessageBox.Show("请您先增加测井图");
        return;
    }
    new 增加测井(this).Show ();
}
```

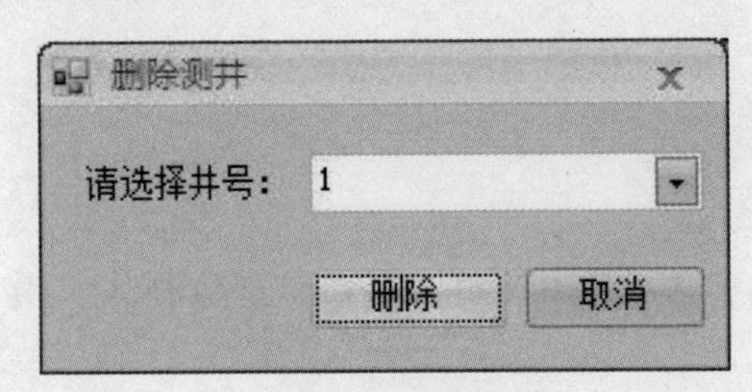

图 4.34 删除测井

删除测井的代码如下。

```
private void buttonItem22_Click(object sender, EventArgs e)
{
    if (MainFrm.userrole == role.普通用户)
    {
        MessageBox.Show("您当前的权限为普通用户不具有删除权限\n 若一定要执行该操作请联系管理员");
        return;
    }
    new 删除测井().ShowDialog();
    mainMapControl.Refresh();
}
```

4.4.5 埋深记录管理

埋深记录管理模块包含增加埋深记录（图4.35）和导出到Excel（图4.36）。

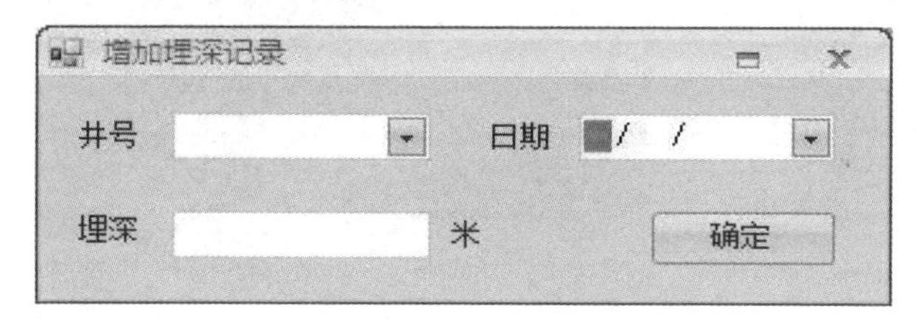

图4.35 增加埋深记录

增加埋深记录的代码如下。

```
private void buttonItem23_Click(object sender, EventArgs e)
{
    if (MainFrm.userrole == role.普通用户)
    {
        MessageBox.Show("您当前的权限为普通用户，不能执行该操作\n 若一定要执行该操作请联系管理员");
        return;
    }
```

```
        IFeatureLayer layer = GetLayerByName(mainMapControl.Map, "测井") as
    IFeatureLayer;
        if (layer == null)
        {
            MessageBox.Show("请您先增加测井图");
            return;
        }
        new 增加埋深记录().ShowDialog();
    }
    delegate void exportexcel(MainFrm fm);
```

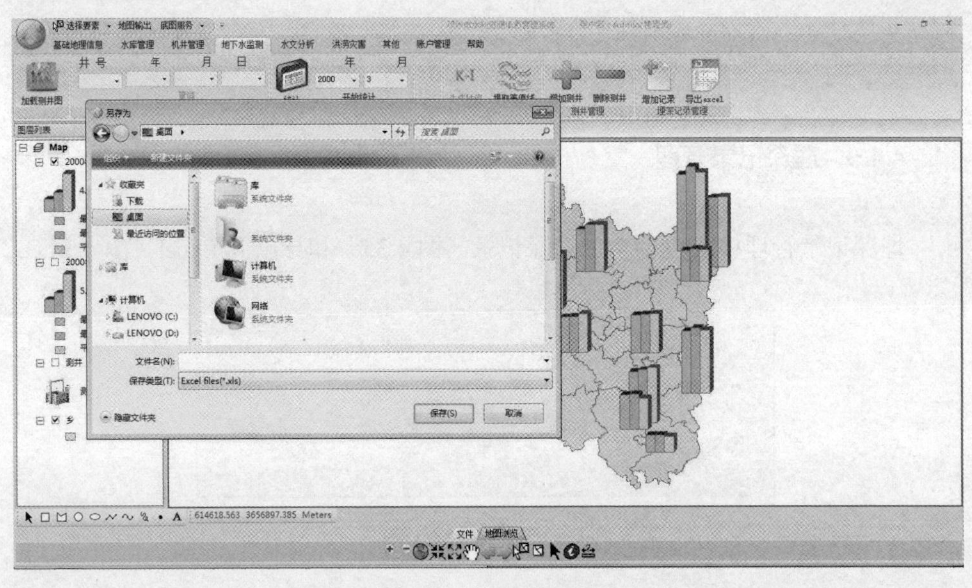

图 4.36　导出到 Excel

导出到 Excel 的代码如下。

```
    private void buttonItem25_Click(object sender, EventArgs e)
    {
        //由于导出数据占用较长的时间，因此使用异步调用
        this.BeginInvoke(new exportexcel(GeodatabaseAdmin.导出埋深记录到 excel),
new object[] { this });
    }
```

4.5 水文分析模块

水文分析模块包含加载地形图、查看水流方向、汇流累积量、水流长度、河网提取和提取等高线六个功能按钮，用于确定各河道的基本信息以及作出精确的水文分析。

4.6 洪涝灾害模块

洪涝灾害模块主要实现加载水系（图 4.37）、洪灾记录（图 4.38）、增加记录（图 4.39）。

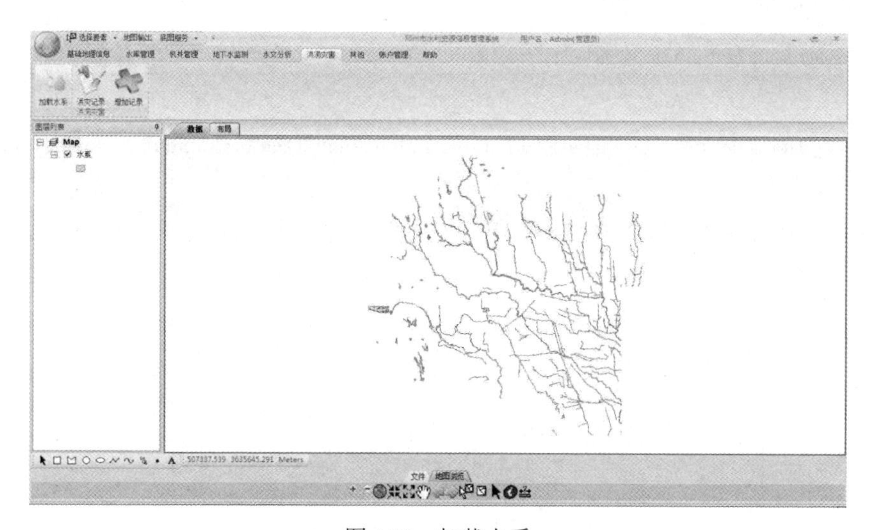

图 4.37　加载水系

加载水系的代码如下。

```
private void buttonItem38_Click(object sender, EventArgs e)
{
    AddRviverTOMAP();
}
```

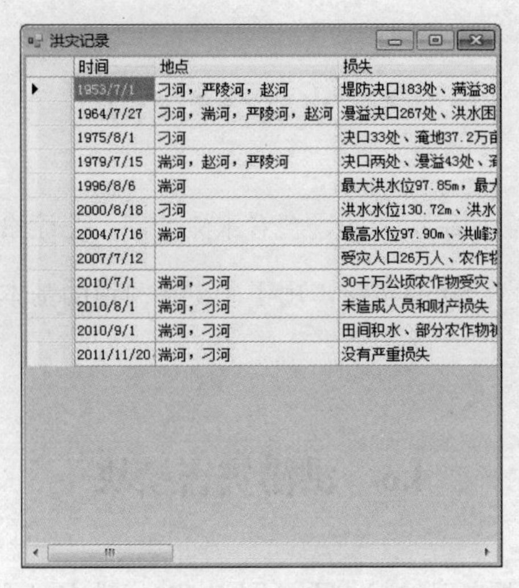

图 4.38　洪灾记录

洪灾记录的代码如下。

```
private void buttonItem39_Click(object sender, EventArgs e)
{
    DataTable dt = GeodatabaseAdmin.selectinfomation("Data\\信息.mdb", "select * from 洪灾记录");
        new 洪灾记录(dt,this ).ShowDialog();
}
```

图 4.39　增加记录

增加记录的代码如下。

```
private void buttonItem41_Click(object sender, EventArgs e)
{
    if (MainFrm.userrole == role.普通用户)
    {
        MessageBox.Show("您当前的权限为普通用户，不能执行该操作\n 若一定要执行该操作 请联系管理员");
        return;
    }
    new 增加记录().ShowDialog();
}
```

4.7 其他模块

其他模块实现各年用水量统计（图 4.40）、水质监测查询（图 4.41）。

各年用水量统计

年 份	供水总量	工业	生活	农业
2000	28411	2393	5100	20918
2001	33959	2229	5170	26560
2002	23040	2544	5060	15436
2003	14300	2500	5700	6100
2004	17150	2170	5820	10800
2005	17180	2280	5560	9340
2006	23527	2300	5600	15627
2007	17205	2360	5710	9135
2008	35578	2210	5632	27736
2009	20788	2108	5570	13110
2010	29737	2336	6133	21268

导出到Excel　生成图表

图 4.40　各年用水量统计

各年用水量统计的代码如下。

```
private void buttonItem40_Click(object sender, EventArgs e)
{
    DataTable dt = GeodatabaseAdmin.selectinfomation("Data\\信息.mdb", "select * from 用水量");
    统计信息 tj = 统计信息.CreateInstance(dt, "各年用水量统计");
    tj.Owner = this;
    tj.Show();
}
```

水质监测

报告编号	样品编号	样品接收时间	检测完成时间	样品名称	所在乡
环水字第2006...	环水字第2006...	2006/12/4	2006/12/12	生活饮用水	赵集乡
环水字第2007...	环水字第2007...	2007/9/17	2007/9/25	生活饮用水	赵集乡
环水字第2006...	环水号第2006...	2006/12/4	2006/12/12	生活饮用水	裴营乡
环水字第2006...	环水字第2006...	2006/12/4	2006/12/12	生活饮用水	裴营乡
环水字第2006...	环水字第2006...	2006/12/4	2006/12/12	生活饮用水	裴营乡
环水字第2006...	环水字第2006...	2006/3/2	2006/3/2	生活饮用水	夏集乡
环水字第2006...	环水字第2006...	2006/3/2	2006/3/2	生活饮用水	夏集乡
环水字第2005...	环水字第2005...	2005/3/18	2005/3/18	生活饮用水	夏集乡
环水字第2005...	环水字第2005...	2005/1/18	2005/1/18	生活饮用水	裴营乡
环水字第2006...	环水字第2006...	2006/3/10	2006/3/10	生活饮用水	裴营乡
环水字第2006...	环水字第2006...	2006/3/10	2006/3/10	生活饮用水	裴营乡
环水字第2005...	环水字第2005...	2005/3/18	2005/3/18	生活饮用水	夏集乡
环水字第2005...	环水字第2005...	2005/3/10	2005/3/10	生活饮用水	罗庄乡
环水字第2005...	环水字第2005...	2005/3/5	2005/3/5	生活饮用水	赵集乡
环水字第2005...	环水字第2005...	2005/3/5	2005/3/5	生活饮用水	赵集乡
环水字第2005...	环水字第2005...	2005/3/12	2005/3/12	生活饮用水	十林镇

环水字第2005025号

图 4.41 水质监测查询

水质监测查询的代码如下。

```
private void buttonItem42_Click(object sender, EventArgs e)
{
    new 水质监测().ShowDialog();
}
```

参 考 文 献

[1] 李志林，朱庆．数字高程模型[M]．2 版．武汉：武汉大学出版社，2003．

[2] 陈阳宇．数字水利[M]．北京：清华大学出版社，2011．

[3] 柯正谊，何建邦，池天河．数字地面模型[M]．北京：中国科学技术出版社，1993．

[4] 黄杏元，马劲松，汤勤．地理信息系统概论[M]．修订本．北京：高等教育出版社，2001．

[5] RABNOVICH B，GOTSMAN C. Visualization of large terrain in resource limited computing environments[C]. State of Anzon: Proc.Visualization, 1997.

[6] KOFLER M.R-trees for visualizing and organizing large 3D GIS database[D]. Graz: Graz University of technology Austria, 1998.

[7] CIGNONI P, PUPPO E, SCOPIGNO R. Representation and visualization of terrain surface at variable resolution[C]. The Visual Computer, 1997(13): 199-217.

[8] LINDSTROM P, KOLLER D, RIBARSKY W, et al. Real-time, continuous level of detail rendering of height fields[C]. New York: Asociation for Computing Machinery, 1996.

[9] HOPPE H. Smooth view-dependent level-of-detail control and its application to terrain rendering[J]. IEEE Visualization, 1998, 35-42.

[10] WANG L J, TANG Z S. Level of detail dynamic rendering of terrain model based on fractal dimension[J]. Journal of Software, 2000, 11(9): 1181-1188.

[11] SUN H M, TANG W Q, LIU S Q. A kind of dataschedule strategy supporting real time scene simulation[J]. Journal of System Simulation, 2000.

[12] HUANG Y, CHANG G. The terrain real-time rendering based on LOD models[J]. Journal of Institute of Surveying and Mapping, 2001.

[13] WANG H W, DONG S H. A view-dependent dynamic multiresolution terrain model[J]. Journal of Computer-Aided Design & Computer Graphics, 2000.

[14] 何宗宜．地图数据处理模型的原理与方法[M]．武汉：武汉大学出版社，2003.

[15] 朱庆，李志林，龚健雅，等．论我国“1:1 万数字高程模型的更新与建库”[J]．武汉测绘科技大学学报：信息科学版，1998，24（2）：129-133.

[16] 邬伦，刘瑜，张晶，等．地理信息系统：原理、方法和应用[M]．北京：科学出版社，2000.

[17] 党安荣，王晓栋，陈晓峰，等．ERDAS IMAGINE 遥感图像处理方法[M]．北京：清华大学出版社，2003.

[18] STEFAN R, WOLFGANG H, PHILIP S, et al. Real-Time generation of continuous levels of detail for height fields[C]. Proceedings of the international Conference in Central Europe on Computer Graphics and Visualization, 2007.

[19] PIETRONIRO, TERRY D P. Applications of remote sensing in hydrology[J]. Hydrological Process, 2002, 6(11): 29.

[20] JAIN S K, SINGH P, SETH S M. Assessment of sedimentation in Bhakra Reservoir in the western Himalayan region using remotely sensed data[J]. Hydrological Sciences Journal, 2002, 2(47): 203-212.

[21] 李德仁，王树良，李德毅，等．论空间数据挖掘和知识发现的理论与方法[J]．武汉大学学报：信息科学版，2002，27（3）：221-233.